AF326091

PROBLÈMES

DE

MATHÉMATIQUES

Tout exemplaire de cet ouvrage non revêtu de notre griffe sera réputé contrefait.

DU MÊME AUTEUR

Arithmétique. 1 vol. in-8°, broché . . . . 4 fr. »

Algèbre. 1 vol. in-8°, broché . . . . 4 fr. »

Géométrie. 1 vol. in-8°, broché . . . . 5 fr. »

Notions sur quelques courbes usuelles (extrait de la Géométrie). 1 vol. in-8°, broché . . . . 1 fr. 25

Trigonométrie. 1 vol. in-8°, broché . . . . 3 fr. »

Géométrie descriptive, nouvelle édition, contenant les matières exigées pour l'admission à l'École de Saint-Cyr. 1 vol. in-8°, broché . . . . 4 fr. 50

Cosmographie. 1 vol. in-8°, broché . . . . 4 fr. »

Mécanique. 1 vol. in-8°, broché . . . . 2 fr. 50

Problèmes de mathématiques et de physique. 1 vol. in-8°, broché . . . . 4 fr. 50

ON VEND SÉPARÉMENT :

Problèmes de mathématiques. . . . . 3 fr. »
  — *de physique.* . . . . 1 fr. 50

461. — Abbeville. — Typ. et stér. G. Retaux.

PROBLÈMES

DE

MATHÉMATIQUES

RECUEIL

DE

PRINCIPES, FORMULES ET EXERCICES

A L'USAGE

DES CANDIDATS AU BACCALAURÉAT ÈS SCIENCES
ET AUX ÉCOLES DU GOUVERNEMENT

PAR

J. DUFAILLY

PROFESSEUR AU COLLÈGE STANISLAS

TROISIÈME ÉDITION

PARIS

LIBRAIRIE CH. DELAGRAVE

58, RUE DES ÉCOLES, 58

1878

PROBLÈMES

DE

MATHÉMATIQUES

PREMIÈRE PARTIE

PRINCIPES ET FORMULES

ARITHMÉTIQUE

RÈGLES DE TROIS.

1. Soit A une grandeur qui varie en raison directe de certaines grandeurs **B, C, D** et en raison inverse d'autres grandeurs **M, N, P** : sachant que cette grandeur a une valeur a lorsque les autres ont respectivement pour valeurs b, c, d, m, n, p, on trouve pour la valeur x qu'elle prend lorsque les autres ont de nouvelles valeurs b', c', d', m', n', p' :

$$x = a \times \frac{b'}{b} \times \frac{c'}{c} \times \frac{d'}{d} \times \frac{m}{m'} \times \frac{n}{n'} \times \frac{p}{p'}.$$

INTÉRÊTS SIMPLES.

2. En représentant par I l'intérêt rapporté par une somme a

placée pendant t années au taux i, on a

$$I = \frac{ait}{100}.$$

On déduit de cette formule :

$$a = \frac{100\,I}{it}, \qquad i = \frac{100\,I}{at}, \qquad t = \frac{100\,I}{ai}.$$

Dans ces relations, t doit toujours être exprimé en prenant l'année pour unité.

ESCOMPTE COMMERCIAL.

3. Si l'on désigne par E l'escompte d'un billet, a le montant de ce billet, i le taux de l'escompte et t le temps (exprimé en prenant l'année pour unité) qui reste à courir jusqu'à l'échéance du billet, on a

$$E = \frac{ait}{100}.$$

PARTAGES PROPORTIONNELS.

4. Lorsque l'on veut partager un nombre N en parties x, y, z proportionnelles à des nombres donnés a, b, c, on a

$$x = \frac{Na}{a+b+c},$$
$$y = \frac{Nb}{a+b+c}.$$
$$z = \frac{Nc}{a+b+c}.$$

MÉLANGES.

5. Le prix x du litre de vin formé en mélangeant n, n', n''…. litres de vin valant respectivement a, a', a''…. le litre est donné par la formule :

$$x = \frac{na + n'a' + n''a'' + \ldots}{n + n' + n'' + \ldots}.$$

6. Le rapport suivant lequel on doit mélanger des vins valant a^{f} et a'^{f} le litre pour former un mélange valant x^{f} le litre

est en supposant $a > z > a'$, en désignant par x le nombre
de litres à a^t et par y celui des litres à a'^t :

$$\frac{x}{y} = \frac{z - a'}{a - z}.$$

ALLIAGES.

7. Le titre x d'un lingot provenant de l'alliage de plusieurs
lingots dont les poids et les titres respectifs sont p, 0, p', $0'$,
p'', $0''$ .... est

$$x = \frac{p0 + p'0' + p''0'' + \cdots}{p + p' + p'' + \cdots}.$$

8. Le rapport suivant lequel on doit allier deux lingots ayant
pour titres t, t' pour former un lingot ayant pour titre 0 est
en supposant $t > 0 > t'$, en désignant par x le poids que l'on
doit prendre du lingot dont le titre est t, par y celui du lingot
dont le titre est t' :

$$\frac{x}{y} = \frac{0 - t'}{t - 0}.$$

ALGÈBRE

MULTIPLICATION.

9. Le carré de la somme de deux quantités est égal au carré
de la première, plus le double produit de la première par la
seconde, plus le carré de la seconde

$$(a + b)^2 = a^2 + 2ab + b^2.$$

10. Le carré de la différence de deux quantités est égal au
carré de la première, moins le double produit de la première
par la seconde, plus le carré de la seconde

$$(a - b)^2 = a^2 - 2ab + b^2.$$

11. Le cube de la somme de deux quantités est égal au cube de la première, plus le triple produit du carré de la première par la seconde, plus le triple produit de la première par le carré de la seconde, plus le cube de la seconde

$$(a + b)^3 = a^3 + 3a^2b + 3ab^2 + b^3.$$

12. Le cube de la différence de deux quantités est égal au cube de la première, moins le triple produit du carré de la première par la seconde, plus le triple produit de la première par le carré de la seconde, moins le cube de la seconde

$$(a - b)^3 = a^3 - 3a^2b + 3ab^2 - b^3.$$

13. Le produit de la somme de deux quantités par leur différence est égal à la différence des carrés de ces quantités

$$(a + b)(a - b) = a^2 - b^2.$$

DIVISION.

14. Le binome $x^m - a^m$ est toujours divisible par $x - a$. On a :

$$\frac{x^m - a^m}{x - a} = x^{m-1} + ax^{m-2} + a^2x^{m-3} + \ldots + a^{m-1}.$$

15. Le binome $x^m + a^m$ n'est jamais divisible exactement par $x - a$.

16. Le binome $x^m - a^m$ est divisible par $x + a$ lorsque m est pair. On a :

$$\frac{x^m - a^m}{x + a} = x^{m-1} - ax^{m-2} + a^2x^{m-3} - a^3x^{m-4} + \ldots - a^{m-1}.$$

17. Le binome $x^m + a^m$ est divisible par $x + a$ lorsque m est impair. On a :

$$\frac{x^m + a^m}{x + a} = x^{m-1} - ax^{m-2} + a^2x^{m-3} - a^3x^{m-4} + \ldots + a^{m-1}.$$

ÉQUATIONS DU PREMIER DEGRÉ.

18. Règles pour la résolution d'une équation du premier degré à une inconnue :

1° Chasser les dénominateurs s'il y en a ;

2° Dans le cas où l'inconnue est engagée dans des parenthèses, effectuer les calculs nécessaires pour l'en faire sortir ;

3° Faire passer dans un membre tous les termes qui contiennent l'inconnue et dans l'autre les termes connus ;

4° Mettre le membre qui renferme l'inconnue sous la forme d'un produit dont l'inconnue soit l'un des facteurs ;

5° Diviser enfin les deux membres par le coefficient de l'inconnue.

19. Règle pour la résolution d'un système de n équations du premier degré à n inconnues.

Tirer de l'une des équations du système la valeur d'une des inconnues en fonction des autres et mettre cette valeur à la place de l'inconnue dans chacune des $n - 1$ autres équations qui se trouvent ainsi contenir $n - 1$ inconnues ;

Tirer de l'une de ces équations la valeur d'une inconnue en fonction des autres et mettre cette valeur à la place de l'inconnue dans chacune des $n - 2$ autres équations qui se trouvent alors contenir $n - 2$ inconnues ;

Continuer ainsi jusqu'à ce qu'on arrive à une équation qui ne renferme plus qu'une inconnue ;

Résoudre cette dernière équation ;

Remonter successivement aux valeurs de chacune des inconnues déterminées en fonction des autres et y remplacer les quantités inconnues qu'elles renferment par leurs valeurs déjà trouvées.

20. Formules pour la résolution du système

$$\begin{cases} ax + by = c, \\ a'x + b'y = c', \end{cases}$$

$$x = \frac{cb' - bc'}{ab' - ba'}, \qquad y = \frac{ac' - ca'}{ab' - ba'}.$$

Loi de formation des valeurs de x et y : Multiplier en croix les coefficients des inconnues dans les équations et interposer entre les deux produits le signe moins. Le résultat est le dénominateur commun. Pour former le numérateur de chaque inconnue, remplacer dans le dénominateur commun les coefficients de l'inconnue dont on forme la valeur par les termes connus correspondants.

ÉQUATIONS DU SECOND DEGRÉ.

21. Formule donnant les valeurs des racines de l'équation

$$ax^2 + bx + c = 0,$$

$$x = \frac{-b \pm \sqrt{b^2 - 4ac}}{2a}.$$

Dans le cas de b pair, la formule devient en posant $b = 2b'$,

$$x = \frac{-b' \pm \sqrt{b'^2 - ac}}{a}.$$

22. Les racines de l'équation $ax^2 + bx + c = 0$, étant représentées par x' et x'', on a :

$$x' + x'' = -\frac{b}{a},$$

$$x'x'' = \frac{c}{a}.$$

ÉQUATIONS BICARRÉES.

23. Formule donnant les valeurs de x qui vérifient l'équation

$$ax^4 + bx^2 + c = 0,$$

$$x = \pm \sqrt{\frac{-b \pm \sqrt{b^2 - 4ac}}{2a}}.$$

24. La somme des quatre racines de l'équation bicarrée est égale à zéro ; leur produit vaut $\dfrac{c}{a}$.

25. La condition pour qu'une expression de la forme

$$\sqrt{a \pm \sqrt{b}}$$

puisse être transformée en une expression de la forme

$$\sqrt{x} \pm \sqrt{y}$$

est que $a^2 - b = c^2$, c'est-à-dire que $a^2 - b$ soit carré parfait. On a alors

$$\sqrt{a \pm \sqrt{b}} = \sqrt{\frac{a + c}{2}} \pm \sqrt{\frac{a - c}{2}}.$$

DÉCOMPOSITION DU TRINOME DU SECOND DEGRÉ.

26. Un trinome du second degré de la forme

$$ax^2 + bx + c$$

peut se mettre sous la forme

$$a(x - x')(x - x'')$$

x' et x'' représentant les racines de l'équation obtenue en égalant le trinome à zéro.

27. Lorsque les racines de l'équation formée en égalant le trinome à zéro sont réelles et égales, on a en représentant par x' leur valeur commune

$$ax^2 + bx + c = a(x - x')^2.$$

28. Lorsque les racines de l'équation formée en égalant le trinome à zéro sont imaginaires, on a :

$$ax^2 + bx + c = a\left[\left(x + \frac{b}{2a}\right)^2 + \left(\frac{\sqrt{4ac - b^2}}{2a}\right)^2\right],$$

c'est-à-dire que le trinome est égal au produit du coefficient a par une somme de deux carrés dont l'un est indépendant de la variable x.

29. Un trinome du second degré $ax^2 + bx + c$ prend toujours le signe de son premier terme ax^2 lorsque l'on fait varier x, excepté lorsque les racines du trinome égalé à zéro étant réelles et inégales, on donne à x des valeurs comprises entre ces racines.

PROGRESSIONS ARITHMÉTIQUES.

30. En représentant par a le premier terme d'une progression arithmétique, par l le $n^{ième}$, par r la raison, par S la somme des termes et par n le nombre de ceux-ci, on a :

$$l = a + (n - 1)r,$$

$$S = \frac{(a + l)n}{2}.$$

31. La somme S des n premiers nombres entiers est donnée par la formule

$$S = \frac{n(n+1)}{2},$$

et la somme S des n premiers nombres impairs, par la formule
$$S = n^2.$$

PROGRESSIONS GÉOMÉTRIQUES.

32. En désignant par a le premier terme d'une progression géométrique, par q la raison, par l le $n^{ième}$ terme, par S la somme des termes et par n le nombre de ceux-ci, on a :

$$l = aq^{n-1},$$
$$S = \frac{lq - a}{q - 1},$$

ou encore,

$$S = \frac{a(q^n - 1)}{q - 1}.$$

33. Lorsqu'il s'agit de la limite S de la somme des termes d'une progression géométrique décroissante composée d'un nombre infini de termes, on a :

$$S = \frac{a}{1 - q}.$$

LOGARITHMES.

34. Le logarithme du produit de deux ou plusieurs nombres est égal à la somme des log. de ces nombres :
$$\log abcd \ldots = \log a + \log b + \log c + \log d + \ldots$$
Le log. du quotient de deux nombres est égal au log. du dividende moins le log. du diviseur

$$\log \frac{a}{b} = \log a - \log b.$$

Le log. d'une puissance d'un nombre est égal au log. de ce nombre multiplié par l'exposant de la puissance

$$\log a^m = m \log a.$$

Le log. d'une racine d'un nombre est égal au log. de ce nombre divisé par l'indice de la racine

$$\log \sqrt[m]{a} = \frac{\log a}{m}.$$

INTÉRÊTS COMPOSÉS.

35. En nommant a le capital placé à intérêts composés, r l'intérêt de 1^f en un an, n le nombre entier d'années et f la fraction d'année pendant lesquels le capital a été placé, on a pour la valeur A qu'à pris le capital au bout du temps total :

$$A = a (1 + r)^n (1 + fr).$$

Cette formule traduite en logarithmes donne :

$$\log A = \log a + n \log (1 + r) + \log (1 + fr).$$

ANNUITÉS.

36. En nommant A la dette à éteindre, a l'annuité, r l'intérêt de un franc et n le nombre d'annuités, on a

$$a = \frac{Ar (1 + r)^n}{(1 + r)^n - 1}.$$

Cette formule traduite en logarithmes donne

$$\log a = \log A + \log r + n \log (1 + r) - \log \left[(1 + r)^n - 1 \right].$$

GÉOMÉTRIE

GÉOMÉTRIE PLANE.

37. Le carré de l'hypoténuse a d'un triangle rectangle est égal à la somme des carrés des deux côtés b et c de l'angle droit. $\quad\bigg|\quad a^2 = b^2 + c^2$

38. Le carré du côté a d'un triangle opposé à un angle aigu est égal à la somme des carrés des deux autres côtés b, c, moins le double produit de l'un des côtés b par la projection c' de l'autre sur lui.

$$a^2 = b^2 + c^2 - 2bc'$$

39. Le carré du côté a d'un triangle opposé à un angle obtus est égal à la somme des carrés des deux autres côtés b, c, plus le double produit de l'un de ces côtés b par la projection c' de l'autre sur lui.

$$a^2 = b^2 + c^2 + 2bc'$$

40. Dans tout triangle la somme des carrés de deux côtés égale deux fois le carré de la médiane comprise, plus deux fois le carré de la moitié du 3ᵉ côté.

$$b^2 + c^2 = 2m^2 + \frac{a^2}{2}$$

41. Si du sommet de l'angle droit d'un triangle rectangle on abaisse une perpendiculaire h sur l'hypoténuse a :

1º Chaque côté b ou c de l'angle droit est moyenne proportionnelle entre l'hypoténuse entière et le segment adjacent b' ou c'.

$$b^2 = ab' \, . \, c^2 = ac'$$

2º La perpendiculaire h est moyenne proportionnelle entre les deux segments b', c' de l'hypoténuse.

$$h^2 = b'c'$$

42. La bissectrice de l'angle A d'un triangle partage le côté opposé en deux segments β, γ proportionnels aux côtés adjacents b, c.

$$\beta + \gamma = a$$
$$\frac{\beta}{\gamma} = \frac{b}{c}$$

43. Deux cordes d'un même cercle se coupent en parties réciproquement proportionnelles.

44. Deux sécantes au même cercle issues d'un même point sont réciproquement proportionnelles à leurs parties extérieures.

45. Lorsqu'une tangente et une sécante au même cercle partent d'un même point, la tangente est moyenne proportionnelle entre la sécante entière et sa partie extérieure.

46. Côté du carré inscrit dans un cercle de rayon R . . . . $R\sqrt{2}$

47. De l'hexagone régulier . . . . R

48. Du triangle équilatéral . . . . $R\sqrt{3}$

49. Du décagone régulier . . . . $\dfrac{R}{2}\left(\sqrt{5}-1\right)$

50. De l'octogone régulier . . . . $R\sqrt{2-\sqrt{2}}$

51. Longueur d'une circonférence de rayon R . . . . $2\pi R$

52. Longueur d'un arc de n degrés dans un cercle de rayon R . . . . . $\dfrac{\pi R n}{180}$

53. Surface d'un rectangle ou d'un parallélogramme ayant b pour base et h pour hauteur. . . . . $b\times h$

54. Surface d'un triangle ayant pour dimensions b et h . . . . $\dfrac{b\times h}{2}$

55. Surface d'un triangle en fonction des trois côtés a, b, c . . . . $\sqrt{p(p-a)(p-b)(p-c)}$

56. Surface d'un trapèze ayant pour côtés parallèles B, b, et pour hauteur h. $\left(\dfrac{B+b}{2}\right)h$

57. Surface d'un triangle équilatéral de côté a. . . . . $\dfrac{a^2\sqrt{3}}{4}$

58. Surface d'un polygone régulier de n côtés égaux chacun à c et dont l'apothème est $= a$. . . . . $nc\times\dfrac{a}{2}$

59. Surface d'un cercle de rayon R . πR^2

60. Surface d'un secteur de n degrés dans un cercle de rayon R . . . . . $\dfrac{\pi R^2 n}{360}$

61. Surface d'un segment de n degrés dans un cercle de rayon R . . . . . $\dfrac{\pi R^2 n}{360}-$ triangle.

62. Les surfaces de deux figures semblables sont entre elles comme les carrés des côtés homologues. — Les surfaces de deux cercles sont entre elles comme les carrés de leurs rayons.

GÉOMÉTRIE DANS L'ESPACE.

63. Volume d'un parallélipipède ou d'un prisme ayant pour base B et pour hauteur H. $\quad B \times H$

64. Volume d'une pyramide ayant pour dimensions B, H. . . . . $\quad \frac{1}{3} B \times H$

65. Volume d'un tronc de pyramide à bases parallèles B, B′ et dont la hauteur est H. . . . . $\quad \frac{1}{3} H(B + B' + \sqrt{BB'})$

66. Volume d'un tronc de prisme triangulaire de base B et dans lequel les perpendiculaires abaissées des sommets de la section sur la base sont égales à h, h', h''. . $\quad B\left(\dfrac{h + h' + h''}{3}\right)$

67. Les volumes des polyèdres semblables sont entre eux comme les cubes des arêtes homologues.

68. Cylindre droit de rayon de base R et de hauteur h. . . . . . .
- surface latérale $\quad 2\pi R h$
- volume $\quad \pi R^2 h$

69. Cône droit de rayon de base R, de hauteur h et de côté a. . . . .
- surface latérale $\quad \pi R a$
- volume $\quad \frac{1}{3} \pi R^2 h$

70. Tronc de cône à bases parallèles ayant R, R′ pour rayons de bases, h pour hauteur, a pour côté et R″ pour rayon de la circonférence menée à égale distance des bases. . .
- surface latérale $\quad \pi(R + R')a$ ou $2\pi R'' a$
- volume $\quad \frac{1}{3} \pi h(R^2 + R'^2 + RR')$

71. Les volumes des cylindres et cônes semblables sont entre eux comme les cubes des hauteurs ou des rayons des bases. — Les surfaces latérales sont comme les carrés des hauteurs ou des rayons des bases.

72. Surface engendrée par une ligne brisée régulière tournant autour d'un axe mené par son plan et passant par son centre, p étant la projection de la ligne sur l'axe et r son apothème. . . . . $\quad p \times 2\pi r$

73. Surface d'une zone de hauteur h située sur une sphère de rayon R. . . | $2\pi R \times h$

74. Surface d'une sphère de rayon R. | $4\pi R^2$

75. Surface d'une sphère de diamètre D | πD^2

76. Deux zones situées sur la même sphère sont entre elles comme leurs hauteurs. — Deux sphères ont leurs surfaces proportionnelles aux carrés de leurs rayons.

77. Volume engendré par un triangle tournant autour d'un axe mené dans son plan par un de ses sommets, a étant le côté opposé à ce sommet, surf. a la surface engendrée par ce côté en tournant autour de l'axe et h la hauteur correspondante . . | surf. $a \times \frac{1}{3} h$

78. Volume d'un secteur sphérique ayant pour base une zone de hauteur h et appartenant à une sphère de rayon R . | zone $\times \frac{1}{3}$ R ou $\frac{2}{3}\pi R^2 h$

79. Volume d'une sphère de rayon R. $\frac{4}{3}\pi R^3$

80. Volume d'une sphère de diamètre D. $\frac{1}{6}\pi D^3$

81. Volume engendré par un segment de cercle tournant autour d'un diamètre, c étant la corde du segment et c' sa projection sur le diamètre . . . . . | $\frac{1}{6}\pi c^2 \times c'$

82. Volume d'un segment de sphère de hauteur h et ayant pour rayons de bases R, R'. | $\frac{1}{6}\pi h^3 + \frac{1}{2}\pi(R^2+R'^2)h$

83. Deux secteurs sphériques situés sur la même sphère sont entre eux comme les hauteurs des zones qui leur servent de base. — Deux sphères ont leurs volumes proportionnels aux cubes de leurs rayons.

TRIGONOMÉTRIE

84. Deux arcs supplémentaires ont leurs sinus égaux et de même signe, et leurs cosinus égaux et de signes contraires.

$$\sin(180° - a) = \sin a,$$
$$\cos(180° - a) = -\cos a.$$

85. Deux arcs qui diffèrent de 180° ont leurs sinus et leurs cosinus égaux et de signes contraires.

$$\sin(180° + a) = -\sin a,$$
$$\cos(180° + a) = -\cos a.$$

86. Deux arcs égaux et de signes contraires ont leurs sinus égaux et de signes contraires, et leurs cosinus égaux et de même signe

$$\sin(-a) = -\sin a,$$
$$\cos(-a) = \cos a.$$

87. Relations fondamentales entre les lignes trigonométriques d'un arc a :

$$\sin^2 a + \cos^2 a = 1,$$
$$\text{tg } a = \frac{\sin a}{\cos a},$$
$$\text{séc } a = \frac{1}{\cos a},$$
$$\text{cotg } a = \frac{\cos a}{\sin a},$$
$$\text{coséc } a = \frac{1}{\sin a}.$$

88. Relations que l'on déduit des précédentes :

$$\text{tg } a = \frac{1}{\text{cotg } a},$$
$$\text{séc}^2 a = 1 + \text{tg}^2 a,$$

$$\sin a = \frac{\operatorname{tg} a}{\pm \sqrt{1 + \operatorname{tg}^2 a}},$$

$$\cos a = \frac{1}{\pm \sqrt{1 + \operatorname{tg}^2 a}},$$

89. Formules relatives à l'addition et à la soustraction des arcs

$$\sin (a + b) = \sin a \cos b + \cos a \sin b,$$
$$\sin (a - b) = \sin a \cos b - \cos a \sin b,$$
$$\cos (a + b) = \cos a \cos b - \sin a \sin b,$$
$$\cos (a - b) = \cos a \cos b + \sin a \sin b,$$
$$\operatorname{tg} (a + b) = \frac{\operatorname{tg} a + \operatorname{tg} b}{1 - \operatorname{tg} a \operatorname{tg} b},$$
$$\operatorname{tg} (a - b) = \frac{\operatorname{tg} a - \operatorname{tg} b}{1 + \operatorname{tg} a \operatorname{tg} b}.$$

90. Formules relatives à la multiplication des arcs

$$\sin 2a = 2 \sin a \cos a,$$
$$\cos 2a = \cos^2 a - \sin^2 a,$$
$$\operatorname{tg} 2a = \frac{2 \operatorname{tg} a}{1 - \operatorname{tg}^2 a}.$$

91. Formules relatives à la division des arcs

$$\begin{cases} \sin \frac{1}{2} a = \pm \sqrt{\dfrac{1 - \cos a}{2}}, \\[2mm] \cos \frac{1}{2} a = \pm \sqrt{\dfrac{1 + \cos a}{2}}, \end{cases}$$

$$\begin{cases} \sin \frac{1}{2} a = \frac{1}{2} \left(\pm \sqrt{1 + \sin a} \pm \sqrt{1 - \sin a} \right), \\[2mm] \cos \frac{1}{2} a = \frac{1}{2} \left(\pm \sqrt{1 + \sin a} \mp \sqrt{1 - \sin a} \right), \end{cases}$$

$$\operatorname{tg} \frac{1}{2} a = \pm \sqrt{\frac{1 - \cos a}{1 + \cos a}},$$

$$\operatorname{tg} \frac{1}{2} a = \frac{-1 \pm \sqrt{1 + \operatorname{tg}^2 a}}{\operatorname{tg} a}.$$

92. Formules pour transformer en un produit une somme ou une différence de deux sinus ou de deux cosinus

$$\sin p + \sin q = 2 \sin\left(\frac{p+q}{2}\right) \cos\left(\frac{p-q}{2}\right),$$

$$\sin p - \sin q = 2 \sin\left(\frac{p-q}{2}\right) \cos\left(\frac{p+q}{2}\right),$$

$$\cos p + \cos q = 2 \cos\left(\frac{p+q}{2}\right) \cos\left(\frac{p-q}{2}\right),$$

$$\cos q - \cos p = 2 \sin\left(\frac{p+q}{2}\right) \sin\left(\frac{p-q}{2}\right).$$

93. Formules déduites des précédentes :

$$\sin p + \cos q = 2 \sin\left(\frac{p+90^{\circ}-q}{2}\right) \cos\left(\frac{p-90^{\circ}+q}{2}\right),$$

$$\frac{\sin p + \sin q}{\sin p - \sin q} = \frac{\operatorname{tg}\left(\frac{p+q}{2}\right)}{\operatorname{tg}\left(\frac{p-q}{2}\right)}.$$

$$1 + \sin a = 2 \sin^2\left(45^{\circ} + \frac{a}{2}\right),$$

$$1 - \sin a = 2 \cos^2\left(45^{\circ} + \frac{a}{2}\right),$$

$$1 + \cos a = 2 \cos^2 \frac{a}{2},$$

$$1 - \cos a = 2 \sin^2 \frac{a}{2}.$$

94. Formules pour transformer en un produit une somme ou une différence de deux tangentes :

$$\operatorname{tg} a + \operatorname{tg} b = \frac{\sin(a+b)}{\cos a \cos b},$$

$$\operatorname{tg} a - \operatorname{tg} b = \frac{\sin(a-b)}{\cos a \cos b}.$$

95. Formules réduites des précédentes

$$1 + \operatorname{tg} a = \frac{\sin(45^{\circ}+a)}{\cos 45^{\circ} \cos b},$$

$$1 - \operatorname{tg} a = \frac{\sin (45° - a)}{\cos 45° \cos a},$$

$$\frac{1 + \operatorname{tg} a}{1 - \operatorname{tg} a} = \operatorname{tg} (45° + a).$$

96. Valeurs numériques des sinus et cosinus de certains arcs

$$\sin 45° = \frac{\sqrt{2}}{2} \qquad \cos 45° = \frac{\sqrt{2}}{2},$$

$$\sin 30° = \frac{1}{2} \qquad \cos 30° = \frac{\sqrt{3}}{2},$$

$$\sin 60° = \frac{\sqrt{3}}{2} \qquad \cos 60° = \frac{1}{2},$$

$$\sin 18° = \frac{1}{4} \left(\sqrt{5} - 1 \right) \qquad \cos 18° = \frac{1}{4} \sqrt{10 + 2 \sqrt{5}}.$$

97. Relations entre les côtés et les angles d'un triangle rectangle

$$B + C = 90°,$$
$$b = a \sin B = a \cos C,$$
$$c = a \sin C = a \cos B,$$
$$b = c \operatorname{tg} B = c \operatorname{cotg} C,$$
$$c = b \operatorname{tg} C = c \operatorname{cotg} B,$$
$$a^2 = b^2 + c^2.$$

Dans ces formules, a désigne l'hypoténuse, b et c les côtés de l'angle droit opposés respectivement aux angles B et C.

98. Relations entre les côtés et les angles d'un triangle obliquangle

$$\begin{cases} A + B + C = 180°, \\ \dfrac{a}{\sin A} = \dfrac{b}{\sin B} = \dfrac{c}{\sin C}. \end{cases}$$

$$\begin{cases} a^2 = b^2 + c^2 - 2bc \cos A, \\ b^2 = a^2 + c^2 - 2ac \cos B, \\ c^2 = a^2 + b^2 - 2ab \cos C. \end{cases}$$

$$\begin{cases} a = b \cos C + c \cos B, \\ b = a \cos C + c \cos A, \\ c = a \cos B + b \cos A. \end{cases}$$

Dans ces formules a, b, c représentent les côtés opposés respectivement aux angles A, B, C.

99. Formules pour la résolution des triangles rectangles.

Premier cas. — Données a, B

$$C = 90° - B, \quad b = a \sin B, \quad c = a \cos B.$$

Deuxième cas. — Données b, B

$$C = 90° - B, \quad a = \frac{b}{\sin B}, \quad c = b \cotg B.$$

Troisième cas. — Données a, b

$$\sin B = \cos C = \frac{b}{a}, \quad c = \sqrt{(a+b)(a-b)}.$$

Quatrième cas. — Données b, c

$$\tg B = \cotg C = \frac{b}{c}, \quad a = \frac{b}{\sin B}.$$

100. Formules pour la résolution des triangles obliquangles.

Premier cas. — Données a, B, C

$$A = 180° - (B + C).$$

$$b = \frac{a \sin B}{\sin A}, \quad c = \frac{a \sin C}{\sin A}.$$

$$\text{La surface } S = \frac{a^2 \sin B \sin C}{2 \sin (B + C)}.$$

Deuxième cas. Données a, b, A

$$\sin B = \frac{b \sin A}{a},$$
$$C = 180° - (A + B),$$
$$c = \frac{a \sin C}{\sin A},$$
$$S = \frac{bc \sin A}{2}.$$

Deux solutions pour $A < 90°$ et $b > a > b \sin A$.

Troisième cas. — Données b, c, A

$$\frac{B + C}{2} = 90° - \frac{A}{2}.$$

$$\tg \left(\frac{B - C}{2} \right) = \frac{b - c}{b + c} \times \cotg \frac{A}{2},$$

$$a = \frac{b \sin A}{\sin B},$$

$$S = \frac{bc \sin A}{2}.$$

Quatrième cas. — Données a, b, c

$$S = \sqrt{p(p-a)(p-b)(p-c)},$$

$$\operatorname{tg} \frac{1}{2} A = \frac{S}{p(p-a)},$$

$$\operatorname{tg} \frac{1}{2} B = \frac{S}{p(p-b)},$$

$$\operatorname{tg} \frac{1}{2} C = \frac{S}{p(p-c)}.$$

Dans ces formules comme dans les suivantes, p représente le demi-périmètre du triangle.

101. Rayons des cercles circonscrit, inscrit et ex-inscrits à un triangle en fonction des côtés a, b, c.

Rayon du cercle circonscrit

$$R = \frac{abc}{4\sqrt{p(p-a)(p-b)(p-c)}}.$$

Rayon du cercle inscrit

$$r = \sqrt{\frac{(p-a)(p-b)(p-c)}{p}}.$$

Rayons des cercles ex-inscrits :

$$r_a = \sqrt{\frac{p(p-b)(p-c)}{p-a}},$$

$$r_b = \sqrt{\frac{p(p-a)(p-c)}{p-b}},$$

$$r_c = \sqrt{\frac{p(p-a)(p-b)}{p-c}}.$$

TABLEAU DE QUELQUES NOMBRES USUELS

$$\pi = 3,1415926\ldots \qquad\qquad \log. \pi = 0,4971499$$

$$\tfrac{1}{3}\pi = 1,0471975\ldots \qquad\qquad \log \tfrac{1}{3}\pi = 0,0200286$$

$$\tfrac{1}{6}\pi = 0,5235987\ldots \qquad\qquad \log \tfrac{1}{6}\pi = \overline{1},7189986$$

$$\tfrac{4}{3}\pi = 4,188790\ldots \qquad\qquad \log \tfrac{4}{3}\pi = 0,6220887$$

$$\sqrt{2} = 1,414213562\ldots \qquad\qquad \log \sqrt{2} = 0,1505150$$

$$\sqrt{3} = 1,732050807\ldots \qquad\qquad \log \sqrt{3} = 0,2385606$$

$$\sqrt{5} = 2,23606797\ldots \qquad\qquad \log \sqrt{5} = 0,3494850$$

$$\sqrt{2 - \sqrt{2}} = 0,7653668\ldots \qquad\qquad \log \sqrt{2 - \sqrt{2}} = \overline{1},8838697$$

$$\text{Circonférence} = 360^\circ \qquad\qquad \log 360 = 2,5563025$$

$$- \quad = 21600' \qquad\qquad \log 21600 = 4,3344538$$

$$- \quad = 1296000'' \qquad\qquad \log 1296000 = 6,1126050$$

$$\log 2 = 0,3010300$$

$$\log 3 = 0,4771213$$

$$\log 5 = 0,6989700$$

DEUXIÈME PARTIE

EXERCICES DE CALCUL ET QUESTIONS RÉSOLUES.

RÉSOLUTION D'ÉQUATIONS.

102. Exemple I. — *Résoudre l'équation*

$$\frac{3\,(x+2)}{5} - 3 = \frac{x}{6} - \frac{2\,(x-1)}{3}.$$

On a successivement en se conformant aux règles indi-
quées (18).

$$18\,(x+2) - 90 = 5x - 20\,(x-1)\,;$$
$$18x + 36 - 90 = 5x - 20\,x + 20,$$
$$18x - 5x + 20x = 20 - 36 + 90,$$
$$33x = 74,$$
$$x = \frac{74}{33},$$

103. Exemple II. — *Résoudre le système*

$$3x - 3y + 4z - 2u = 1,$$
$$3y - 2x - 3z + 3u = 7,$$
$$3z - 2x - 3y + 5u = 27,$$
$$5x + 2y - 2z + 4u = 19.$$

De la première, on tire:

$$x = \frac{1 + 3y - 4z + 2u}{3}. \tag{1}$$

Substituant dans les trois autres, elles deviennent :

$$3y - 2\left(\frac{1 + 3y - 4z + 2u}{3}\right) - 3z + 3u = 7,$$

$$3z - 2\left(\frac{1 + 3y - 4z + 2u}{3}\right) - 3y + 5u = 27,$$

$$5\left(\frac{1 + 3y - 4z + 2u}{3}\right) + 2y - 2z + 4u = 19,$$

ou, tous calculs et réductions opérés :

$$3y - z + 5u = 23,$$
$$23z - 15y + 11u = 83,$$
$$21y - 26z + 22u = 52.$$

De la première, on tire :

$$z = 3y + 5u - 23. \qquad (2)$$

Substituant dans les deux autres, elles deviennent :

$$23(3y + 5u - 23) - 15y + 11u = 83,$$
$$21y - 26(3y + 5u - 23) + 22u = 52.$$

ou, tous calculs et réductions opérés :

$$3y + 7u = 34,$$
$$57y + 108u = 546.$$

De la première, on tire :

$$y = \frac{34 - 7u}{3}. \qquad (3)$$

Substituant dans l'autre, elle devient

$$57\left(\frac{34 - 7u}{3}\right) + 108u = 546.$$

Résolvant, on trouve $u = 4$.

Substituant successivement dans (3), (2), (1), il vient :

$$y = 2, \quad z = 3, \quad x = 1.$$

104. Exemple III. — *Résoudre l'équation*

$$x = \sqrt{x} + 6.$$

Isolant le radical, on a :

$$x - 6 = \sqrt{x}.$$

Élevant au carré,

$$x^2 - 12x + 36 = x,$$

ou

$$x^2 - 13x + 36 = 0 ;$$

d'où

$$x = \frac{13 \pm \sqrt{169 - 4 \times 36}}{2} = \frac{13 \pm 5}{2}.$$

Effectuant, il vient :

$$x' = 9, \qquad x'' = 4.$$

La valeur 9 est la seule qui convienne ; l'autre valeur 4 provient de ce qu'en élevant au carré on a résolu en même temps l'équation $x = -\sqrt{x} + 6$. Il importe donc, dans la résolution des équations irrationnelles, de vérifier les résultats obtenus afin d'être à même de rejeter les solutions étrangères qu'on a pu introduire en élevant au carré.

105. **Exemple IV**. — *Résoudre l'équation*

$$\sqrt{x} + \sqrt{20 - x} = 6.$$

Élevant au carré, on a :

$$x + 20 - x + 2\sqrt{x(20 - x)} = 36,$$

ou

$$\sqrt{x(20 - x)} = 8.$$

Élevant encore au carré, il vient ;

$$x(20 - x) = 64 \quad \text{ou} \quad x^2 - 20x + 64 = 0 ;$$

d'où

$$x = 10 \pm \sqrt{100 - 64} = 10 \pm 6,$$
$$x' = 16, \qquad x'' = 4.$$

Ici les deux valeurs trouvées vérifient l'équation proposée.

106. Exemple V. — *Résoudre l'équation*

$$x^6 - 1 = 0.$$

On a d'abord :

$$x^6 - 1 = (x^3 - 1)(x^3 + 1).$$

Mais

$$\frac{x^3 - 1}{x - 1} = x^2 + x + 1, \quad \text{d'où} \quad x^3 - 1 = (x - 1)(x^2 + x + 1),$$

et

$$\frac{x^3 + 1}{x + 1} = x^2 - x + 1, \quad \text{d'où} \quad x^3 + 1 = (x + 1)(x^2 - x + 1).$$

L'équation proposée peut donc s'écrire :

$$(x - 1)(x^2 + x + 1)(x + 1)(x^2 - x + 1) = 0.$$

Cette équation est vérifiée par :

1° $x - 1 = 0$, d'où $x = 1$.

2° $x^2 + x + 1 = 0$, d'où $x = \dfrac{-1 \pm \sqrt{1 - 4}}{2}$, valeurs imaginaires.

3° $x + 1 = 0$, d'où $x = -1$.

4° $x^2 - x + 1 = 0$, d'où $x = \dfrac{1 \pm \sqrt{1 - 4}}{2}$, valeurs imaginaires.

Les seules solutions réelles de l'équation sont donc 1 et — 1.

107. Exemple VI. — *Trouver deux nombres connaissant leur différence 3 et la différence 117 de leurs cubes.*

Soient x, y les deux nombres demandés, on a :

$$x - y = 3, \qquad x^3 - y^3 = 117.$$

De la première de ces équations on tire $x = 3 + y$.
Substituant dans la seconde, il vient

$$(3 + y)^3 - y^3 = 117,$$

ou

$$27 + 27y + 9y^2 + y^3 - y^3 = 117,$$
$$y^2 + 3y - 10 = 0 ;$$

d'où

$$y = \frac{-5 \pm \sqrt{9 + 40}}{2} = \frac{-5 \pm 7}{2},$$

$$y' = 2, \quad y'' = -5.$$

Les valeurs correspondantes de x sont donc :

$$x' = 5, \quad x'' = -2.$$

Les nombres demandés sont 5 et 2. On peut remarquer que les quantités -2, -5 vérifient les équations du problème.

108. Exemple VII. — *Trouver deux nombres connaissant leur somme 7 et leur produit 12.*

Le système à résoudre serait ici

$$x + y = 7, \quad xy = 12.$$

Mais si l'on remarque que dans une équation du deuxième degré la somme des racines $= -\dfrac{b}{a}$ et leur produit $= \dfrac{c}{a}$, on en conclura facilement que les nombres demandés sont les racines de l'équation

$$x^2 - 7x + 12 = 0.$$

Résolvant, on trouve 3 et 4 pour les nombres demandés.

109. Exemple VIII. — *Trouver deux nombres connaissant leur somme 11 et la somme 61 de leurs carrés.*

On a immédiatement les deux équations

$$x + y = 11, \quad x^2 + y^2 = 61.$$

Élevant la première au carré et retranchant la seconde du résultat, on trouve :

$$2xy = 60, \quad \text{d'où} \quad xy = 30.$$

Connaissant la somme et le produit des nombres demandés, on est ramené à la question précédente (108) et l'on trouve 5 et 6 pour les nombres demandés.

110. Exemple IX. — *Résoudre les équations*

$$(1) \qquad\qquad x^2 - y^2 = 3,$$

$$(2) \qquad\qquad x^2 + y^2 - xy = 3.$$

On en tire :

$$x^2 - y^2 = x^2 + y^2 - xy,$$

ou

$$2y^2 - xy = 0,$$

ou encore

$$y(2y - x) = 0.$$

Cette dernière équation est vérifiée par $y = 0$ et par $2y = x$ ou $y = \dfrac{x}{2}$.

$y = 0$ substitué dans l'équation (1) donne $x^2 = 3$ d'où $x = \pm\sqrt{3}$.

$y = \dfrac{x}{2}$ substitué dans la même équation donne $x^2 = 4$ d'où $x = \pm 2$ et par suite $y = \pm 1$.

Le système proposé est donc vérifié par les 4 solutions

$$\begin{cases} y = 0 \\ x = \sqrt{3} \end{cases} \qquad \begin{cases} y = 0 \\ x = -\sqrt{3} \end{cases} \qquad \begin{cases} y = 1 \\ x = 2 \end{cases} \qquad \begin{cases} y = -1 \\ x = -2 \end{cases}$$

111. Exemple X. — *Résoudre les équations*

$$3x^2 - 2y^2 = 19,$$
$$2x^2 + 5y^2 = 38.$$

Posant $x^2 = z$, $y^2 = u$, il vient :

$$3z - 2u = 19,$$
$$2z + 5u = 38.$$

Résolvant ce système d'équations du premier degré, on trouve :

$$z = 9, \qquad u = 4.$$

Il en résulte

$$x^2 = 9, \qquad y^2 = 4 ;$$

d'où l'on tire enfin :

$$x = \pm 3, \qquad y = \pm 2.$$

QUESTIONS DE MAXIMUM ET DE MINIMUM.

112. Exemple I. — *Déterminer la valeur de* x *pour laquelle l'expression* $3x^2 - 5x + 4$ *est maximum ou minimum.*

On pose :

$$3x^2 - 5x + 4 = m,$$

d'où

$$3x^2 - 5x + 4 - m = 0,$$

$$x = \frac{5 \pm \sqrt{25 - 12(4-m)}}{6} = \frac{5 \pm \sqrt{12m - 23}}{6},$$

x étant une quantité réelle on doit avoir :

$$12m - 23 \geqslant 0, \quad \text{d'où} \quad m \geqslant \frac{23}{12}.$$

Le minimum est donc $\frac{23}{12}$ et il n'y a pas de maximum.

Pour $m = \frac{23}{12}$, on a $x = \frac{5}{6}$; c'est donc pour la valeur $x = \frac{5}{6}$ que l'expression proposée prend sa valeur minimum.

113. Exemple II. — *Déterminer la valeur de* x *pour laquelle l'expression* $-2x^2 + 5x - 4$ *est maximum ou minimum.*

$$-2x^2 + 5x - 3 = m,$$
$$2x^2 - 5x + 3 + m = 0$$
$$x = \frac{5 \pm \sqrt{25 - 8(3+m)}}{4} = \frac{5 \pm \sqrt{1 - 8m}}{4}.$$

Pour que x soit réel, il faut que l'on ait :

$$1 - 8m \geqslant 0, \quad \text{d'où} \quad m \leqslant \frac{1}{8}.$$

Le maximum est donc $\frac{1}{8}$, et il n'y a pas de minimum.

Pour $m = \frac{1}{8}$, il vient $x = \frac{5}{4}$, qui est la valeur demandée.

114. Exemple III. — *Trouver le maximum et le minimum de l'expression* $\dfrac{x^2 + 3x + 5}{x^2 + 1}$.

$$\frac{x^2 + 3x + 5}{x^2 + 1} = m,$$

$$x = \frac{-5 \pm \sqrt{9 - 4(1 - m)(5 - m)}}{2(1 - m)} = \frac{-5 \pm \sqrt{-4m^2 + 24m - 11}}{2(1 - m)}.$$

Pour que x soit réel, il faut que l'on ait :

$$-4m^2 + 24m - 11 \geqslant 0. \qquad (1)$$

Décomposant le trinome $4m^2 + 24m - 11$, on a :

$$-4m^2 + 24m - 11 = -4\left(m - \frac{11}{2}\right)\left(m - \frac{1}{2}\right),$$

et la condition (1) peut s'écrire :

$$-4\left(m - \frac{11}{2}\right)\left(m - \frac{1}{2}\right) \geqslant 0.$$

Cette condition pour être remplie exige que les deux facteurs $m - \dfrac{11}{2}$ et $m - \dfrac{1}{2}$ soient de signes contraires, ou que l'un d'eux soit nul.

Or pour $m > \dfrac{11}{2}$ les deux facteurs sont positifs ;

pour $m = \dfrac{11}{2}$ le premier est nul ;

pour $m < \dfrac{11}{2}$ et $> \dfrac{1}{2}$ ils sont de signes contraires ;

pour $m = \dfrac{1}{2}$ le second est nul ;

et pour $m < \dfrac{1}{2}$ ils sont tous deux négatifs.

La quantité m ne peut donc varier que de $\dfrac{11}{2}$ à $\dfrac{1}{2}$. Par suite $\frac{11}{2}$ est le maximum de l'expression et $\frac{1}{2}$ en est le minimum. — Pour $m = \frac{11}{2}$ on a $x = \frac{1}{2}$ et pour $m = \frac{1}{2}$, $x = -5$.

115. Exemple IV. — *Trouver le maximum et le minimum de l'expression* $\dfrac{x^2 + 4x - 56}{2x - 10}$.

$$\frac{x^2 + 4x - 56}{2x - 10} = m.$$

$$x^2 + (4 - 2m)x - 56 + 10m = 0.$$

$$x = m - 2 \pm \sqrt{(m-2)^2 + 56 - 10m} = m - 2 \pm \sqrt{m^2 - 14m + 40}.$$

Pour que x soit réel, il faut que l'on ait :

$$m^2 - 14m + 40 \geqslant 0. \qquad (1)$$

Décomposant le trinome $m^2 - 14m + 40$, il vient :

$$m^2 - 14m + 40 = (m - 10)(m - 4),$$

et la condition de réalité (1) peut s'écrire :

$$(m - 10)(m - 4) \geqslant 0.$$

Cette condition, pour être remplie, exige que les facteurs $m - 10$, $m - 4$ soient de même signe ou que l'un d'eux soit nul.

Or pour $m > 10$, les deux facteurs sont positifs ;

pour $m = 10$, le premier est nul ;

pour $m < 10$ et > 4, ils sont de signes contraires ;

pour $m = 4$, le second est nul ;

pour $m < 4$, ils sont tous deux négatifs.

La quantité m ne peut donc prendre que des valeurs supérieures à 10 et la valeur 10, ou inférieures à 4 et la valeur 4. Il en résulte que 10 est le minimum de l'expression, tandis que 4 en est le maximum.

Pour $m = 10$, on a $x = 8$, et pour $m = 4$, $x = 2$.

116. **Exemple V.** — *Trouver le maximum et le minimum de l'expression* $\dfrac{x^2 - 6x + 8}{2x - 8}$.

$$\frac{x^2 - 6x + 8}{2x - 8} = m,$$

$$x^2 - (6 + 2m)\,x + 8 + 8m = 0,$$

$$x = 3 + m \pm \sqrt{(3 + m)^2 - 8 - 8\,m} = 3 + m \pm \sqrt{m^2 - 2m + 1}.$$

Pour que x soit réel, il faut que l'on ait :

$$m^2 - 2m + 1 \geqslant 0. \tag{1}$$

Décomposant le trinome $m^2 - 2m + 1$, on trouve :

$$m^2 - 2m + 1 = (m - 1)^2.$$

La condition de réalité (1) peut donc s'écrire :

$$(m - 1)^2 > 0.$$

Il est évident qu'elle est remplie pour toutes les valeurs possibles données à m qui peut ainsi prendre tous les états de grandeur entre $+ \infty$ et $- \infty$; l'expression donnée n'a donc ni maximum ni minimum.

117. **Exemple VI.** — *Trouver le maximum et le minimum de l'expression* $\dfrac{x^2 - x - 4}{x - 1}$.

$$\frac{x^2 - x - 4}{x - 1} = m,$$

$$x^2 - (1 + m)\,x - 4 + m = 0,$$

$$x = \frac{1 + m \pm \sqrt{(1 + m)^2 - 4\,(m - 4)}}{2} = \frac{1 + m \pm \sqrt{m^2 - 2m + 17}}{2}.$$

Pour que x soit réel, il faut que l'on ait :

$$m^2 - 2m + 17 \geqslant 0. \tag{1}$$

Si l'on veut ici décomposer le trinome, on reconnaît que les racines de l'équation $m^2 - 2m + 17 = 0$ sont imaginaires. On le mettra alors sous la forme indiquée plus haut (28)

$$m^2 - 2m + 17 = m^2 - 2m + 1 + 17 - 1 = (m - 1)^2 + 16.$$

La condition de réalité (1) peut donc s'écrire :

$$(m - 1)^2 + 16 > 0.$$

Cette condition est évidemment remplie quelle que soit la valeur de m ; l'expression proposée n'a donc ni maximum ni minimum.

118. Exemple VII. — *Cas général.* — *Trouver le maximum et le minimum de l'expression* $\dfrac{ax^2 + bx + c}{a'x^2 + b'x + c'}$,

$$\frac{ax^2 + bx + c}{a'x^2 + b'x + c'} = m,$$

$$(a - ma')x^2 + (b - mb')x + c - mc' = 0,$$

$$x = \frac{-(b - mb') \pm \sqrt{(b - mb')^2 - 4(a - ma')(c - mc')}}{2(a - ma')},$$

$$x = \frac{-(b - mb') \pm \sqrt{(b'^2 - 4a'c')m^2 - (4ac' + 4ca' - 2bb')m + b^2 - 4ac}}{2(a - ma')}.$$

Posant $b'^2 - 4a'c' = A$, $4ac' + 4ca' - 2bb' = B$, $b^2 - 4ac = C$, il vient :

$$x = \frac{-(b - mb') \pm \sqrt{Am^2 + Bm + C}}{2(a - ma')}.$$

Pour que x soit réel, il faut que l'on ait :

$$Am^2 + Bm + C > 0. \qquad (1)$$

Si pour décomposer le trinome $Am^2 + Bm + C$ on forme l'équation $Am^2 + Bm + C = 0$, il peut arriver que les racines de cette équation soient réelles et inégales, réelles et égales, ou imaginaires.

1° *Les racines sont réelles et inégales.* — Soient m', m'' ces racines ($m' > m''$), on a alors $Am^2 + Bm + C = A(m - m')(m - m'')$ et la condition (1) peut s'écrire

$$A(m - m')(m - m'') > 0.$$

Si **A** est négatif, la condition n'est remplie que pour les valeurs de m comprises entre m' et m'' et de plus pour les valeurs m', m''; m', c'est-à-dire la plus grande des racines est donc le maximum de l'expression, et m'' en est le minimum (114, Ex. III).

Si A est positif, la condition n'est remplie que pour les valeurs de m supérieures à m' ou inférieures à m'', et de plus pour les valeurs m', m''. Ici donc m'', c'est-à-dire la plus petite des racines est le maximum et m' est le minimum (115, Ex. IV).

2° *Les racines sont réelles et égales.* — Soit m' la valeur de ces racines, on a $Am^2 + Bm + C = A(m - m')^2$ et la condition (1) devient :

$$A(m - m')^2 \gtrless 0.$$

Avec A positif cette condition est remplie quelle que soit la valeur de m, il n'y a donc ni maximum ni minimum (116, Ex. V).

D'ailleurs, dans le cas actuel, A est toujours positif. En effet, si l'on avait $A < 0$, la condition de réalité ne serait satisfaite que pour la valeur unique $m = m'$, ce qui ne peut évidemment arriver lorsque l'expression proposée est réellement variable.

3° *Les racines sont imaginaires.* — On sait que dans ce cas (28) le trinome est égal à A multiplié par la somme de deux carrés dont l'un est indépendant de m. Donc avec A positif, la condition (1) est toujours remplie et il n'y a ni maximum ni minimum (117, Ex. VI).

A est d'ailleurs toujours positif dans le cas actuel, car avec A négatif, la condition de réalité ne serait jamais remplie, c'est-à-dire que x ne saurait avoir que des valeurs imaginaires quel que soit m, ce qui est évidemment absurde.

Il peut arriver que l'on ait : $A = 0$, alors la condition (1) devient :

$$Bm + C \gtrless 0.$$

On en tire, si B est positif, $m \gtrless -\dfrac{C}{B}$; il y a alors un minimum $-\dfrac{C}{B}$ et pas de maximum (112, Ex. I).

Si B est négatif, on a $m \leqslant -\dfrac{C}{B}$; il y a alors un maximum $-\dfrac{C}{B}$ et pas de minimum (113, Ex. II).

119. Exemple VIII. — *Partager un nombre a en deux parties dont le produit soit maximum.*

Soit x l'une des parties, $a - x$ sera l'autre et l'on devra avoir :

$$x(a-x) = m,$$
$$x^2 - ax + m = 0,$$
$$x = \frac{a \pm \sqrt{a^2 - 4m}}{2}.$$

Pour que x soit réel, il faut que l'on ait ;

$$a^2 - 4m > 0, \qquad \text{d'où} \qquad m < \frac{a^2}{4}.$$

Le maximum est donc $\dfrac{a^2}{4}$. Pour cette valeur, $x = \dfrac{a}{2}$, il faut, par suite, pour résoudre le problème, partager le nombre donné en deux parties égales.

120. Exemple IX. — *Partager un nombre a en trois parties dont le produit soit maximum.*

Soient x, y, z les parties demandées et, par suite, xyz le produit maximum ; nous allons prouver que les trois facteurs x, y, z doivent être égaux. En effet, supposons x différent de y, par exemple ; comme la somme $x + y$ est constante, puisqu'elle est égale à $a - z$, le produit $\left(\dfrac{x+y}{2}\right)\left(\dfrac{x+y}{2}\right)$ serait plus grand que xy (119), et par suite on aurait $\left(\dfrac{x+y}{2}\right)\left(\dfrac{x+y}{2}\right)z > xyz$, ce qui est impossible, puisque par hypothèse le produit maximum est xyz.

Donc, pour partager un nombre en trois parties dont le produit soit maximum, il faut prendre chaque partie égale au tiers du nombre.

En général, le produit de n facteurs positifs de somme constante est maximum lorsque tous les facteurs sont égaux entre eux.

121. Exemple X. — *Partager un nombre a en parties x, y, z telles que le produit $x^m y^n z^p$ soit maximum.*

Le maximum demandé aura lieu en même temps que celui de l'expression

$$\frac{x'' y'' z'}{m'' n'' p'},$$

puisque le dénominateur introduit est une quantité constante.

Or,

$$\frac{x^m y^n z^p}{m^m n^n p^p} = \left(\frac{x}{m}\right)^m \left(\frac{y}{n}\right)^n \left(\frac{z}{p}\right)^p = \frac{x}{m} \times \frac{x}{m} \times \frac{x}{m} \times \ldots \frac{y}{n} \cdot \frac{y}{n} \times \ldots \frac{z}{p} \times \frac{z}{p} \times \ldots$$

Mais la somme des $m + n + p$ facteurs de ce produit est constante puisqu'elle vaut $x + y + z$ ou a ; donc le produit sera maximum lorsque tous les facteurs qui le composent seront égaux entre eux (120), c'est-à-dire lorsque l'on aura :

$$\frac{x}{m} = \frac{y}{n} = \frac{z}{p}.$$

Il faut donc, pour résoudre la question, partager le nombre donné en parties proportionnelles aux exposants des facteurs du produit.

122. Exemple IX. — *Décomposer un nombre a en deux facteurs dont la somme soit minimum.*

Soit x l'un des facteurs, l'autre sera $\dfrac{a}{x}$, et l'on devra avoir :

$$x + \frac{a}{x} = m,$$

$$x^2 - mx + a = 0,$$

$$x = \frac{m \pm \sqrt{m^2 - 4a}}{2}.$$

Pour que x soit réel, il faut que l'on ait :

$$m^2 - 4a \geqslant 0, \quad \text{d'où} \quad m \geqslant 2\sqrt{a}.$$

Le minimum est $2\sqrt{a}$. Pour cette valeur, $x = \sqrt{a}$; il faut donc, pour résoudre le problème, prendre chaque facteur égal à la racine carrée du nombre donné.

123. Exemple XII. — *Partager 20 en deux parties telles que 3 fois le carré de la première, plus 2 fois le carré de la seconde soit minimum.*

Soit x l'une des parties, l'autre sera $20 - x$ et l'on devra avoir

$$3x^2 + 2(20 - x)^2 = m,$$
$$5x^2 - 80x + 800 - m = 0,$$
$$x = \frac{40 \pm \sqrt{40^2 - 5(800 - m)}}{5} = \frac{40 \pm \sqrt{5m - 2400}}{5}.$$

Pour que x soit réel, il faut que l'on ait :

$$5m - 2400 \geq 0, \quad \text{d'où} \quad m \geq \frac{2400}{5} \quad \text{ou} \quad 480.$$

Le minimum est donc 480. Pour cette valeur on a $x = \dfrac{40}{5} = 8$.

Les deux parties demandées sont ainsi 8 et 12.

124. Exemple XIII. — *Partager 52 en deux parties telles que 3 fois la racine carrée de la première, plus 2 fois la racine carrée de la seconde soit maximum.*

Soit x^2 la première partie, l'autre sera $52 - x^2$ et l'on aura :

$$3x + 2\sqrt{52 - x^2} = m,$$
$$2\sqrt{52 - x^2} = m - 3x,$$
$$4(52 - x^2) = (m - 3x)^2,$$
$$13x^2 - 6mx + m^2 - 208 = 0,$$
$$x = \frac{3m \pm \sqrt{9m^2 - 13(m^2 - 208)}}{13} = \frac{3m \pm \sqrt{2704 - 4m^2}}{13}.$$

Pour que x soit réel, il faut que l'on ait :

$$2704 - 4m^2 \geq 0, \quad \text{d'où} \quad m \leq \sqrt{\frac{2704}{4}} \quad \text{ou} \quad 26.$$

Le maximum est donc 26. Pour cette valeur on a $x = 6$ et $x^2 = 36$; les deux parties demandées sont par suite 36 et 16.

125. Exemple XIV. — *La somme des surfaces latérales de* *deux cylindres ayant pour hauteurs* h, h′ *est égale à la surface d'une sphère de rayon* a ; *trouver les valeurs des rayons des bases pour lesquelles la somme des volumes des cylindres est minimum.*

Soient x, y les rayons demandés, on a, d'après l'énoncé ;

$$2\pi x h + 2\pi y h' = 4\pi a^2,$$

ou

$$x h + y h' = 2a^2. \tag{1}$$

De plus, il faut que la somme $\pi x^2 h + \pi y^2 h'$ ou simplement $x^2 h + y^2 h'$ (puisque le facteur π est une quantité constante) soit minimum, on posera donc :

$$x^2 h + y^2 h' = m^2. \tag{2}$$

De l'équation (1) on tire $y = \dfrac{2a^2 - xh}{h'}$.

Substituant dans l'équation (2), il vient :

$$h x^2 + \left(\dfrac{2a^2 - xh}{h'}\right) h' = m^2,$$

$$(hh' + h^2) x^2 - 4a^2 h x + 4a^4 - h' m^2 = 0,$$

$$x = \dfrac{2a^2 h \pm \sqrt{4a^4 h^2 - (hh' + h^2)(4a^4 - h' m^2)}}{hh' + h^2}$$

$$= \dfrac{2a^2 h \pm \sqrt{hh'(h + h') m^2 - 4a^4 hh'}}{hh' + h^2}.$$

Pour que x soit réel, il faut que l'on ait :

$$hh'(h + h') m^2 - 4a^4 hh' \geqslant 0,$$

d'où

$$m^2 \geqslant \dfrac{4a^4}{h + h'}.$$

Le minimum de la somme des volumes est donc $\pi \left(\dfrac{4a^4}{h + h'}\right)$.

Pour cette valeur, on a : $x = \dfrac{2a^2}{h + h'}$, et substituant dans la

valeur de y, on trouve également $y = \dfrac{2a^2}{h + h'}$.

126. Exemple XV. — *Inscrire dans un triangle un rectangle de surface maximum.*

Supposons le problème résolu et soit (*fig.* 1) DGHK le rectangle demandé. On doit avoir en appelant x sa base et y sa hauteur :

$$xy = m^2. \qquad (1)$$

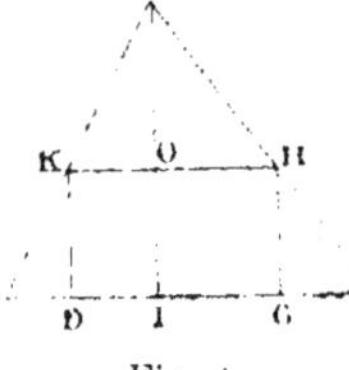

Fig. 1.

On a de plus, à cause des triangles semblables ABC, AKH et en désignant par b et h la base et la hauteur du triangle :

$$\frac{x}{b} = \frac{h - y}{h}; \qquad (2)$$

de l'équation (2) on tire $x = \dfrac{b(h - y)}{h}$.

Substituant dans l'équation (1) il vient :

$$\frac{b(h - y)y}{h} = m^2,$$

$$by^2 - bhy + hm^2 = 0,$$

$$y = \frac{bh \pm \sqrt{b^2h^2 - 4bhm^2}}{2b}.$$

Pour que y soit réel, il faut que l'on ait :

$$b^2h^2 - 4bhm^2 > 0, \quad \text{d'où} \quad m^2 \leqslant \frac{bh}{4}.$$

La surface maximum est donc $\dfrac{bh}{4}$. Pour cette valeur on trouve $y = \dfrac{h}{2}$ et ensuite $x = \dfrac{b}{2}$. Le rectangle demandé est, par suite, celui dont chaque dimension est la moitié de la dimension correspondante du triangle donné.

127. Exemple XVI. — *Inscrire dans un cône un cylindre de volume maximum.*

Soient $SO = h$, $OB = R$ et CDEG (*fig.* 2) le cylindre demandé. Son volume est, en appelant x sa base et y sa hauteur, $\pi x^2 y$.

Comme π est constant, le maximum de $\pi x^2 y$ aura lieu en même temps que celui de $x^2 y$; nous poserons donc :

$$x^2 y = m^3. \qquad (1)$$

D'autre part, les triangles semblables SOB, SIG donnent :

$$\frac{SI}{SO} = \frac{IG}{OB} \qquad \text{ou} \qquad \frac{h - y}{h} = \frac{x}{R}.$$

On tire de là $x = \dfrac{R}{h}(h - y)$; substituant dans (1) il vient :

$$\frac{R^2}{h^2}(h - y)^2 y = m^3.$$

$\dfrac{R^2}{h^2}$ étant une quantité constante, il suffit de chercher le maximum du produit $(h - y)^2 y$.

Or, la somme des deux facteurs $h - y$ et y est constante, le produit $(h - y)^2 y$ sera donc maximum lorsque l'on aura (121) :

$$\frac{h - y}{2} = \frac{y}{1}, \qquad \text{d'où} \qquad y = \frac{h}{3},$$

et par suite $x = \dfrac{2}{3} R$.

EXEMPLES DE CALCUL LOGARITHMIQUE.

128. Exemple I. — *Calculer l'expression*

$$x = \frac{428,567 \times 0,256 \times 0,0617492}{65,245 \times 0,00748 \times 0,172}.$$

On a :

$$\log x = \log 428,567 + \log 0,256 + \log 0,0617492$$
$$- \log 65,245 - \log 0,00748 - \log 0,172$$

$$
\begin{array}{ll}
\log\ \ 428,567 = 2,6520187 & \log\ \ 65,245 = 1,8145472 \\
\log\ \ \ \ \ 0,256 = \overline{1},4082400 & \log\ 0,00718 = \overline{5},8759016 \\
\log\ 0,0617492 = \overline{2},7906515 & \log\ \ \ \ 0,172 = \overline{1},2355284 \\
\hline
\ \ \ \ \ \ \ \ 0,8508900 & \ \ \ \ \ \ \ \ \overline{2},9259772 \\
\ \ \ \ \ \ \ \ \overline{2},9259772 & \\
\hline
\log x = 1,9069128 & \\
x = \ \ 80,7075 &
\end{array}
$$

On peut arriver au résultat au moyen d'une seule addition ; en effet :

$$-\log\ 65,245 = -1,8145472 = -1-0,8145472+1-1 = \overline{2}+(1-0,8145472) = \overline{2},1854528$$

$$-\log 0,00718 = -(\overline{3},8739016) = 3-0,8739016+1-1 = 2+(1-0,8739016) = 2,1260984.$$

$$-\log\ \ 0,172 = -(\overline{1},2355284) = 1-0,2355284+1-1 = 0+(1-0,2355284) = 0,7644716.$$

Au lieu de disposer le calcul comme on l'a fait plus haut, on formera le tableau suivant :

$$
\begin{array}{l}
\log\ \ \ \ 428,567 = 2,6520187 \\
\log\ \ \ \ \ \ \ 0,256 = \overline{1},4082400 \\
\log\ 0,0617492 = \overline{2},7906515 \\
-\log\ \ \ \ \ 65,245 = \overline{2},1854528 \ (\log\ \ \ \ 65,245 = 1,8145472) \\
-\log\ \ \ \ 0,00748 = 2,1260984 \ (\log\ 0,00748 = \overline{5},8759016) \\
-\log\ \ \ \ \ \ 0,172 = 0,7644716 \ (\log\ \ \ \ \ \ 0,172 = \overline{1},2355284) \\
\hline
\ \ \ \ \ \ \log x = 1,9069128 \\
\ \ \ \ \ \ x = 80,7075
\end{array}
$$

Ce mode de procéder est le plus avantageux ; il faut toujours l'employer.

La règle pratique pour prendre un log. avec le signe — est celle-ci :

Ajouter à la caractéristique une unité positive et changer de signe le résultat ; retrancher chaque chiffre de la partie décimale de 9 sauf le dernier chiffre significatif à droite, que l'on retranche de 10.

129. Exemple II. — *Calculer* $\mathrm{x} = \sqrt[11]{(0,0419)^5}$.

On a

$$\log x = \frac{5 \log 0,0419}{11}$$

$$\log 0,0419 = \overline{2},6222140$$

$$5 \log 0,0419 = \overline{7},1110700$$

$$\log x = \frac{\overline{7},1110700}{11} = \frac{\overline{11} + 4,1110700}{11} = \overline{1},3737336$$

$$x = 0,2364468.$$

En général, pour faire une division dont le dividende est un log. à caractéristique négative, il faut ajouter à cette caractéristique le plus petit nombre d'unités négatives nécessaire pour la rendre exactement divisible par le diviseur, ajouter ce même nombre d'unités positives à la partie décimale pour faire compensation et opérer séparément la division sur la partie négative et sur la partie positive.

130. Exemple III. — *Résoudre l'équation*

$$(0,06971)^x = 0,00856.$$

On a :

$$x \log 0,06971 = \log 0,00856.$$

$$x = \frac{\log 0,00856}{\log 0,06971} = \frac{\overline{3},9324738}{\overline{2},8432951}.$$

Mais

$$\overline{3},9324738 = -3 + 0,9324738 = -2,0675262,$$

$$\overline{2},8432951 = -2 + 0,8432951 = -1,1567049.$$

Donc

$$x = \frac{-2,0675262}{-1,1567049} = \frac{2,0675262}{1,1567049}.$$

On n'a plus qu'à faire la division ou qu'à opérer par log. en posant :

$$\log x = \log 2,0675262 - \log 1,1567049.$$

INTÉRÊTS COMPOSÉS ET ANNUITÉS.

131. Exemple I. — *Quelle somme faut-il placer à intérêts composés aux taux de 5 %, pendant 15 ans pour qu'elle devienne 25455f ?*

De la formule

$$A = a(1 + r)$$

on tire

$$a = \frac{A}{1 + r^n}$$

d'où

$$\log a = \log A - n \log (1 + r)$$
$$A = 25455 \qquad n = 15, \qquad 1 + r = 1{,}05$$
$$\log A = 4,\ 4053976$$
$$-15 \log 1{,}05 = \overline{1},\ 6821605$$
$$\log a = 4,\ 0875581$$
$$a = 12255^f,70.$$

132. Exemple II. — *Pendant combien de temps un capital de 7872f doit-il rester placé au taux de 5 % pour devenir 12528f.*

De la formule

$$A = a(1 + r)^n (1 + fr)$$

on tire

$$\frac{\log A - \log a}{\log (1 + r)} = n + \frac{\log (1 + fr)}{\log (1 + r)}$$
$$A = 12528^f \qquad a = 7872^f \qquad r = 0{,}05$$
$$\log 12528 = 4,0908926$$
$$-\log 7872 = \overline{1},1039149 \; (\log a = 3,8960851)$$
$$0,1948075$$
$$\log 1{,}05 = 0,0211893$$

$$\begin{array}{c|c} 0,1948075 & 0,0211893 \\ \hline 0,0041038 & 9 \end{array}$$

$$n = 9$$
$$\log (1 + fr) = 0,0041058$$
$$1 + fr = 1,009499$$
$$fr = 0,009499$$
$$f = \frac{0,00949}{0,05} = 0,189 \text{ ou } 68 \text{ jours.}$$

Le temps demandé est donc 9 ans, 68 jours.

133. Exemple III. — *Quelle est l'annuité à payer pour éteindre en 10 ans une dette de 17685f,55 au taux de 5 pour 100 ?*

De la formule

$$a = \frac{Ar(1 + r)^n}{(1 + r)^n - 1}$$

on tire :

$$\log a = \log A + \log r + n \log (1 + r) - \log \lfloor (1 + r)^n - 1) \rfloor$$
$$A = 17685^f55 \qquad r = 0,05 \qquad n = 10 \qquad 1 + r = 1,05$$

Calcul de $1,05^{10} - 1$

$$\log 1,05 = 0,0211895$$
$$10 \log 1,05 = 0,2118950$$
$$1,05^{10} = 1,628894$$
$$1,05^{10} - 1 = 0,628894$$
$$\log 17685,55 = 4,2475645$$
$$\log 0,05 = \overline{2},6989700$$
$$10 \log 1,05 = 0,2118950$$
$$- \log 0,628894 = \underline{0,2014226} \; (\log 0,628894 = \overline{1},7985774)$$
$$\log a = 5,5598501$$
$$a = 2290^f,07.$$

L'annuité à payer vaut donc 2290f,07.

134. Exemple IV. — *On doit payer 2000 fr. chaque année pendant 12 ans. Quelle somme faudrait-il payer dans 4 ans pour remplacer ces annuités le taux étant de 5 p. 100 ?*

Ici, $\qquad a = 2000, \qquad r = 0,05. \qquad n = 12.$

La somme A que les 12 annuités sont destinées à rembourser est donc :

$$A = \frac{2000 \left(1,05^{12} - 1\right)}{0,05 \times 1,05^{12}}.$$

Elle vaudra dans 4 ans

$$\frac{2000 \left(1,05^{12} - 1\right)}{0,05 \times 1,05^{12}} \times 1,05^4.$$

On aura donc, en divisant haut et bas par $1,05^4$, et appelant x la somme demandée

$$x = \frac{2000 \left(1,05^{12} - 1\right)}{0,05 \times 1,05^8}$$

$$\log x = \log 2000 + \log \left(1,05^{12} - 1\right) - \log 0,05 - 8 \log 1,05.$$

Calcul de $1,05^{12} - 1$.

$$\log 1,05 = 0,0211893,$$
$$12 \log 1,05 = 0,2542716,$$
$$1,05^{12} = 1,795856,$$
$$1,05^{12} - 1 = 0,795856.$$

Donc

$$\log x = \log 2000 + \log 0,795856 - \log 0,05 - 8 \log 1,05.$$
$$\log 2000 = 3,3010300,$$
$$\log 0,795856 = \overline{1},9008545,$$
$$- \log 0,05 = 1,3010300 \quad (\log 0,05 = \overline{2},6989700),$$
$$- 8 \log 1,05 = \overline{1},8304856 \quad (8 \log 1,05 = 0,1695144),$$
$$\log x = 4,3333801,$$
$$x = 21546^f,66.$$

La somme à payer est donc $21546^f,66$.

RÉSOLUTION DE QUELQUES PROBLÈMES DE TRIGONOMÉTRIE.

135. Problème I. — *Démontrer que*

$$\operatorname{tg} a + \operatorname{tg} b = \frac{2 \sin (a + b)}{\cos (a + b) + \cos (a - b)} \qquad (1).$$

On sait que

$$\operatorname{tg} a = \frac{\sin a}{\cos a}, \quad \operatorname{tg} b = \frac{\sin b}{\cos b},$$

donc

$$\operatorname{tg} a + \operatorname{tg} b = \frac{\sin a}{\cos a} + \frac{\sin b}{\cos b} = \frac{\sin a \cos b + \cos a \sin b}{\cos a \cos b} = \frac{\sin (a+b)}{\cos a \cos b}.$$

Multipliant haut et bas par 2, il vient :

$$\operatorname{tg} a + \operatorname{tg} b = \frac{2 \sin (a + b)}{2 \cos a \cos b}.$$

Mais

$$\cos a \cos b - \sin a \sin b = \cos (a + b),$$

et

$$\cos a \cos b + \sin a \sin b = \cos (a - b).$$

Donc $2 \cos a \cos b = \cos (a + b) + \cos (a - b)$ et la relation (1) est démontrée.

136. Problème II. — *Trouver entre $0°$ et $45°$ un arc* x *tel que l'on ait*

$$\sin x + \cos x = 1,15,$$

$\cos x = \sin (90° - x)$, la relation précédente peut donc s'écrire

$$\sin x + \sin (90° - x) = 1,15,$$

ou

$$2 \sin 45° \cos (45° - x) = 1,15.$$

Mais $\sin 45° = \frac{\sqrt{2}}{2}$, donc

$$\sqrt{2} \cos (45° - x) = 1,15,$$

$$\cos (45° - x) = \frac{1,15}{\sqrt{2}},$$

$$\log \cos (45^\circ - x) = \log 1,15 - \frac{1}{2} \log 2,$$

$$\log 1,15 = 0,0606978$$

$$- \frac{1}{2} \log 2 = \overline{1},8494850 \left(\frac{1}{2} \log 2 = 0,1505150 \right),$$

$$\log \cos (45^\circ - x) = \overline{1},9101828$$
$$45^\circ - x = 35^\circ 35' 34'',5$$
$$= 9^\circ 24' 25'',5.$$

137. Problème III. — *Calculer la valeur que prend l'ex-pression*

$$\frac{\sin 7x}{\sin x} - 2 \cos 2x - 2 \cos 4x - 2 \cos 6x,$$

quand on y fait $x = 81^\circ 27' 32'',5$.

Réduisant au même dénominateur, l'expression devient :

$$\frac{\sin 7x - (2 \cos 2x \sin x + 2 \cos 4x \sin x + 2 \cos 6x \sin x)}{\sin x}. \qquad 1$$

Mais on sait que

$$\sin a \cos b + \cos a \sin b = \sin (a + b),$$
$$\sin a \cos b - \cos a \sin b = \sin (a - b).$$

Retranchant, il vient :

$$2 \cos a \sin b = \sin (a + b) - \sin (a - b).$$

Faisant successivement $a = 2x, 4x, 6x$, et $b = x$, on trouve :

$$2 \cos 2x \sin x = \sin 3x - \sin x,$$
$$2 \cos 4x \sin x = \sin 5x - \sin 3x,$$
$$2 \cos 6x \sin x = \sin 7x - \sin 5x ;$$

d'où, ajoutant et simplifiant :

$$2 \cos 2x \sin x + 2 \cos 4x \sin x + 2 \cos 6x \sin x = \sin 7x - \sin x.$$

Remplaçant dans (1) il reste pour l'expression proposée

$$\frac{\sin x}{\sin x} \qquad \text{ou} \qquad 1.$$

La valeur de cette expression est donc indépendante de x.

138. Problème IV. — *Trouver le rapport de la surface d'une zone tempérée à celle de la terre, en supposant que les parallèles qui la limitent sont situés l'un à 25° 30′ du pôle, l'autre à 25° 30′ de l'équateur.*

Soient (*fig.* 3) CC′, TT′ les parallèles qui limitent la zone en question :

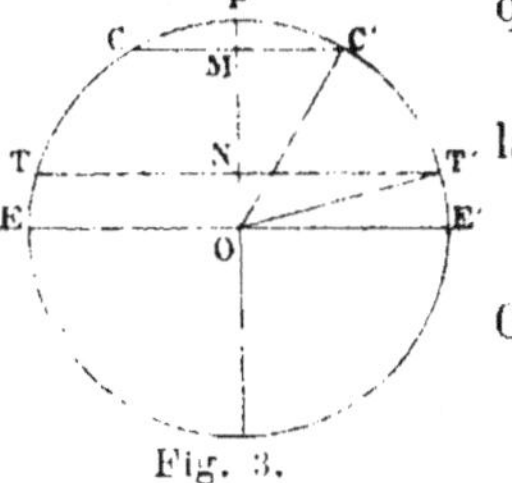

Fig. 3.

Sa hauteur est MN et l'on a, en appelant R le rayon de la terre :

$$\text{surf. zone} = 2\pi R \times MN.$$

Or

$$MN = MO - ON.$$
$$MO = R \cos 25° 30′$$
$$ON = R \sin 25° 30′.$$

Donc

$$MN = R (\cos 25° 30′ - \sin 25° 30′).$$

Remarquant que le complément de 25° 30′ est 66° 30′, on a

$$MN = R (\cos 25° 30′ - \cos 66° 30′),$$

ou

$$MN = R \times 2 \sin 45° \sin 21′ 30′,$$

mais, $2 \sin 45° = \sqrt{2}$, donc enfin

$$MN = R\sqrt{2} \sin 21° 30′,$$

et

$$\text{surf. zone} = 2\pi R^2 \sqrt{2} \sin 21° 30′.$$

D'autre part, surface terre $= 4\pi R^2$; donc, en appelant x le rapport demandé :

$$x = \frac{2\pi R^2 \sqrt{2} \sin 21° 30}{4\pi R^2} = \frac{\sqrt{2} \sin 21° 30′}{2}.$$

$$\log x = \log \sin 21° 30 - \frac{1}{2} \log 2.$$

$$\log \sin 21° 30′ = \overline{1},5640754$$

$$- \frac{1}{2} \log 2 = \underline{\overline{1},8494850} \left(\frac{1}{2} \log 2 = 0,1505150 \right)$$

$$\log x = \overline{1},4135404$$

$$x = 0,2591554$$

139. Problème V. — *Calculer le volume engendré par la révolution d'un secteur circulaire AOB (fig. 4) tournant autour de OA en supposant le rayon OA $= 5^{m}$ et l'angle au centre $\alpha = 23°57'$.*

Le volume demandé est celui d'un secteur sphérique ; donc :

$$\text{vol. AOB} = \frac{2}{3}\,\pi R^2 \times AC,$$

Fig 4.   mais

$$AC = R - OC = R - R\cos\alpha = R(1 - \cos\alpha),$$

$$1 - \cos\alpha = \cos 0'' - \cos\alpha = 2\sin^2 \tfrac{1}{2}\alpha,$$

donc

$$AC = 2R\sin^2 \tfrac{1}{2}\alpha, \quad \text{et} \quad \text{vol. AOB} = \frac{4}{3}\pi R^3 \sin^2 \tfrac{1}{2}\alpha.$$

Remplaçant R et α par leurs valeurs, on a

$$\text{vol. AOB} = \frac{4}{3}\pi 5^3 \sin^2 11°48'30'',$$

$$\log \text{vol.} = \log 4 + \log\pi + 3\log 5 + 2\log\sin 11°48'30 - \log 3.$$

$$\log 4 = 0,6020600$$
$$\log\pi = 0,4971499$$
$$3\log 5 = 1,4513639 \quad (\log 5 = 0,4771213)$$
$$2\log\sin 12°48'30'' = \overline{2},6219744 \quad (\log\sin 11°48'30'' = \overline{1},3109872)$$
$$- \log 3 = \overline{1},5228787$$
$$\log V = 0,6754269$$
$$V = 4^{mc},756165$$

140. Problème VI. — *Calculer le volume engendré par le triangle équilatéral ABC (fig. 5) en tournant autour d'un axe xy situé dans son plan et faisant avec AB un angle de 18°. On suppose AB $= 7^{m},35$.*

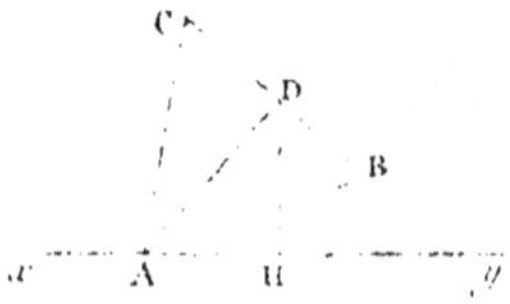

Soit a le côté du triangle ABC, on a en appelant V le volume demandé.

Fig. 5.

$$V = \text{surf. CB} \times \tfrac{1}{3}\,AD$$
$$\text{surf. CB} = CB \times 2\pi DH,$$

mais dans le triangle ADH on a DH $=$ AD sin 48°.

Donc :

$$V = \frac{2}{3}\,\pi\overline{AD}^2 \times a \times \sin 48°.$$

Or :

$$\overline{AD}^2 = a^2 - \frac{a^2}{4} = \frac{3a^2}{4}\ ;$$

donc :

$$V = \frac{2}{3}\,\pi \times \frac{3a^2}{4} \times a\,\sin 48° = \frac{1}{2}\,\pi a^3\,\sin 48°,$$

et comme $a = 7^{\mathrm{m}},35$,

$$V = \frac{1}{2}\,\pi \times 7,35^3 \times \sin 48°$$

$$\log V = \log \pi + 3 \log 7,35 + \log \sin 48° - \log 2.$$

$$\begin{aligned}
\log \pi &= 0,4971499 \\
3 \log 7,35 &= 2,5988619 \quad (\log 7,35 = 0,8662873) \\
\log \sin 48° &= \overline{1},8710755 \\
- \log 2 &= \overline{1},6989700 \quad\quad (\log 2 = 0,3010300) \\
\log \overline{V} &= 2,6660555 \\
V &= 463^{\mathrm{mc}},506
\end{aligned}$$

141. Problème VII. — *Résoudre l'équation*

$$24508,75 \sin x + 89524,67 \cos x = 89785.$$

Soit

$$24508,75 = a, \quad 89524,67 = b, \quad 89785 = c,$$

on aura :

$$a \sin x + b \cos x = c$$

$$\sin x + \frac{b}{a} \cos x = \frac{c}{a}.$$

Posant $\dfrac{b}{a} = \operatorname{tg} \varphi$, il vient successivement :

$$\sin x + \operatorname{tg} \varphi \cos x = \frac{c}{a}$$

$$\sin x + \frac{\sin \varphi}{\cos \varphi} \cos x = \frac{c}{a}$$

$$\frac{\sin x \cos \varphi + \sin \varphi \cos x}{\cos \varphi} = \frac{c}{a}$$

$$\sin (x + \varphi) = \frac{c}{a} \cos \varphi$$

$$\log \sin (x + \varphi) = \log c + \log \cos \varphi - \log a.$$

Calcul de φ.

On a posé $\dfrac{b}{a} = \operatorname{tg} \varphi$, donc :

$$\log \operatorname{tg} \varphi = \log b - \log a$$
$$\log b = 4,9519427$$
$$- \log a = \overline{5},6106788 \quad (\log a = 4,3893212$$
$$\log \operatorname{tg} \varphi = 0,5626215$$
$$\varphi = 74° \ 41' \ 22''3,$$

Calcul de sin $(x + \varphi)$:

$$\log c = 4,9532038$$
$$\log \cos \varphi = \overline{1},4216851$$
$$- \log a = \overline{5},6106788$$
$$\log \sin (x + \varphi) = \overline{1},9855677$$
$$x + \varphi = 75° \ 18' \ 38''$$

$$x = 75° \ 18' \ 38'' - \varphi = 75° \ 18' \ 38'' - 74° \ 41' \ 22'',3 = 0° \ 37' \ 15'',7.$$

Il y a une seconde solution, car le sinus ayant pour logarithme $\overline{1},9855677$ appartient aussi à l'arc $180° - 75° \ 18' \ 38''$ ou $104° \ 41' \ 22''$.

On a donc aussi :

$$x + \varphi = 104° \ 41' \ . \ 22''$$
$$x = 104° 41' \ 22'' - \varphi$$
$$x = 29° \ 59' \ 59'',7.$$

Les deux valeurs de x qui viennent d'être obtenues sont celles comprises dans le premier quadrant. Les formules qui donnent toutes les valeurs de x sont :

$$x = 2k\pi + 75° \, 18' \, 58'' - \varphi,$$
$$x = (2k + 1)\pi - 75° \, 18' \, 58'' - \varphi.$$

142. Problème VIII. — *Calculer la valeur que doit avoir le rayon d'un cercle pour que la différence entre un arc de ce cercle valant* 80 *mètres et sa corde soit moindre que* 0^{m},001.

Soit (*fig.* 6) ACB l'arc donné égal à 80 mètres, on doit avoir :

$$ACB - AB < 0,001.$$

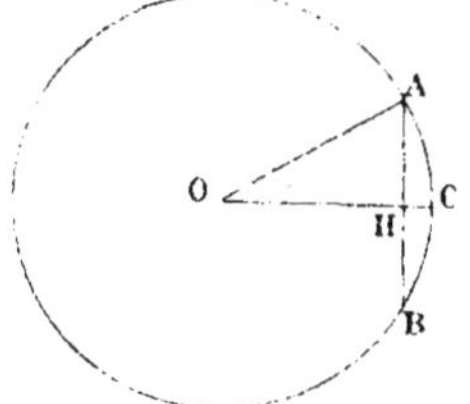

Abaissons OC perpendiculaire sur AB, on a :

$$AC = \frac{ACB}{2}, \qquad AH = \frac{AB}{2}.$$

L'inégalité devient donc en divisant les deux membres par 2,

$$AC - AH < 0,0005,$$

et divisant tous les termes par R valeur du rayon cherché,

$$\frac{AC}{R} - \frac{AH}{R} < \frac{0,0005}{R} \qquad (1)$$

Or $\dfrac{AC}{R}$ est la longueur de l'arc qui mesure l'angle AOH dans le cercle de rayon égal à l'unité et $\dfrac{AH}{R} = \sin AOH$; donc, comme la différence entre un arc du premier quadrant et son sinus est moindre que le quart du cube de l'arc, on a :

$$\frac{AC}{R} - \frac{AH}{R} < \frac{\overline{AC}^3}{4R^3}.$$

Il en résulte que si l'on trouve une valeur de R satisfaisant à l'inégalité

$$\frac{\overline{AC}^3}{4R^3} < \frac{0,0005}{R} \qquad (2)$$

elle satisfera *a fortiori* à l'inégalité (1) et par suite, à la proposée.

Remplaçant AC par sa valeur 40 et résolvant par rapport à R, on tire de l'inégalité (2) :

$$R^2 > \frac{40^3}{4 \times 0,0005},$$

d'où

$$R > \sqrt{32000000}.$$

Effectuant il vient :

$$R > 5656^m,854.$$

143. Problème IX. — *Établir la relation qui existe entre les cosinus des trois angles d'un triangle.*

De la relation

$$A + B + C = 180°,$$

on tire

$$\cos A = -\cos (B + C) ;$$

ou

$$\cos A = -\cos B \cos C + \sin B \sin C,$$

d'où

$$\cos A + \cos B \cos C = \sin B \sin C.$$

Élevant au carré les deux membres de l'égalité et remplaçant $\sin^2 B$, $\sin^2 C$ par leurs valeurs respectives $1 - \cos^2 B$, $1 - \cos^2 C$, il vient :

$$\cos^2 A + 2\cos A \cos B \cos C + \cos^2 B \cos^2 C = (1 - \cos^2 B)(1 - \cos^2 C)$$

d'où effectuant et simplifiant :

$$\cos^2 A + \cos^2 B + \cos^2 C + 2 \cos A \cos B \cos C = 1.$$

Telle est la relation demandée.

144. Problème X. — *Rendre calculable par logarithmes la somme*

$$\sin A + \sin B + \sin C$$

A, B, C *étant les trois angles d'un triangle.*

On a :

$$\sin A + \sin B = 2 \sin \left(\frac{A + B}{2}\right) \cos \left(\frac{A - B}{2}\right)$$

et

$$\sin C = \sin (A + B) = 2 \sin \left(\frac{A + B}{2} \right) \cos \left(\frac{A + B}{2} \right)$$

donc :

$$\sin A + \sin B + \sin C = 2 \sin \left(\frac{A + B}{2} \right) \left[\cos \left(\frac{A - B}{2} \right) + \cos \left(\frac{A + B}{2} \right) \right]$$

Or

$$\sin \frac{A + B}{2} = \cos \frac{C}{2}$$

car $\dfrac{A + B}{2}$ est le complément de $\dfrac{C}{2}$

et d'autre part :

$$\cos \left(\frac{A - B}{2} \right) + \cos \left(\frac{A + B}{2} \right) = 2 \cos \frac{A}{2} \cos \frac{B}{2},$$

donc on a enfin

$$\sin A + \sin B + \sin C = 4 \cos \frac{A}{2} \cos \frac{B}{2} \cos \frac{C}{2}.$$

TRIANGLES RECTANGLES.

145. Premier cas. — *Résoudre un triangle rectangle connaissant* $a = 55^m$, $B = 53° 7' 48'',4$.

Calcul de C.

$$C = 90° - B = 36°52'11'',6.$$

Calcul de b.

$$b = a \sin B$$
$$\log b = \log a + \log \sin B$$
$$\log a = 1,7403627$$
$$\log \sin B = \overline{1},9030901$$
$$\log b = 1,6434528$$
$$b = 44^m.$$

Calcul de c.

$$c = a \cos B$$
$$\log c = \log a + \log \cos B$$
$$\log a = 1,7403627$$
$$\log \cos B = \overline{1},7781512$$
$$\log c = 1,5185139$$
$$c = 33^m.$$

146. Deuxième cas. — *Résoudre un triangle rectangle connaissant* $b = 7^m,52$ *et* $B = 25°17'14''$.

Calcul de C.

$$C = 90'' - B = 64''42'46''.$$

Calcul de a.

$$a = \frac{b}{\sin B}$$
$$\log a = \log b - \log \sin B$$
$$\log b = 0,8762178$$
$$- \log \sin B = 0,3694133 \quad (\log \sin B = \overline{1},6305867)$$
$$\log a = 1,2456311$$
$$a = 17^m,60.$$

Calcul de c.

$$c = b \, \mathrm{cotg} \, B$$
$$\log c = \log b + \log \mathrm{cotg} \, B$$
$$\log b = 0,8762178$$
$$\log \mathrm{cotg} \, B = 0,3256671$$
$$\log c = 1,2018849$$
$$c = 15^m,92 \text{ (par excès)}.$$

147. Troisième cas. — *Résoudre un triangle rectangle connaissant* a $= 0^m,64$, b $= 0^m,31$.

Calcul de B et C.

$$\sin B = \cos C = \frac{b}{a}$$

$$\log \sin B = \log \cos C = \log b - \log a$$

$$\log b = \overline{1},4913617$$

$$- \log a = \underline{0,1938200} \quad (\log a = \overline{1},8061800)$$

$$\log \sin B = \overline{1},6851817$$
$$B = 28°58'17'',5$$
$$C = 61° \ 1'42'',5.$$

Calcul de c.

$$c = \sqrt{(a + b)\ (a - b)}$$

$$\log c = \frac{1}{2} [\log (a + b) + \log (a - b)]$$

$$\log (a + b) = \overline{1},9777256$$
$$\log (a - b) = \underline{\overline{1},5185159}$$

$$2 \log c = \overline{1},4962375$$
$$\log c = \overline{1},7481187$$
$$c = 0^m,56 \text{ (par excès).}$$

148. Quatrième cas. — *Résoudre un triangle rectangle connaissant* b $= 93^m$, c $= 124^m$.

Calcul de B et de C.

$$\operatorname{tg} B = \operatorname{cotg} C = \frac{b}{c}$$

$$\log \operatorname{tg} B = \log \operatorname{cotg} C = \log b - \log c$$
$$\log b = 1,9684829$$

$$- \log c = \underline{\overline{3},9065783} \quad (\log c = 2,0934217)$$

$$\log \operatorname{tg} B = \overline{1},8750612$$
$$B = 56°52'11'',6$$
$$C = 53° \ 7'48'',4.$$

Calcul de a.

$$a = \frac{b}{\sin B}$$
$$\log a = \log b - \log \sin B$$
$$\log b = 1,9684829$$

$$- \log \sin B = \underline{0,2218488} \quad (\log \sin B = \overline{1},7781512)$$
$$\log a = 2,1903317$$
$$a = 155^m.$$

TRIANGLES OBLIQUANGLES.

149. Premier cas. — *Résoudre un triangle et calculer sa surface connaissant* $B = 68°26'17''$; $C = 75°8'23''$; $a = 97^m,89$.

Calcul de A.

$$A = 180° - (B + C) = 36°25'20''.$$

Calcul de b.

$$b = \frac{a \sin B}{\sin A}$$

$$\log b = \log a + \log \sin B - \log \sin A$$

$$\log a = 1,9907385$$
$$\log \sin B = \overline{1},9684927$$
$$- \log \sin A = 0,2264105 \quad (\log \sin A = \overline{1},7735897)$$
$$\log b = 2,1856415$$
$$b = 153^m,53.$$

Calcul de c.

$$c = \frac{a \sin C}{\sin A}$$

$$\log c = \log a + \log \sin C - \log \sin A$$
$$\log a = 1,9907385$$
$$\log \sin C = \overline{1},9852262$$
$$- \log \sin A = 0,2264105$$
$$\log c = 2,2023748$$
$$c = 159^m,36.$$

Calcul de la surface.

$$S = \frac{a^2 \sin B \sin C}{2 \sin (B + C)}$$

$$\log S = 2 \log a + \log \sin B + \log \sin C - \log 2 - \log \sin (B + C)$$
$$2 \log a = 3,9814766$$
$$\log \sin B = \overline{1},9684927$$
$$\log \sin C = \overline{1},9852262$$
$$- \log 2 = \overline{1},6989700$$
$$- \log \sin (B + C) = 0,2864105$$
$$\log S = 3,8605758$$
$$S = 7255^m,97.$$

150. **Deuxième cas.** — *Résoudre un triangle et calculer sa surface connaissant* $a = 65792^m,60$; $b = 98045^m,60$; $A = 28°51'48'',6$.

Calcul de B.

$$\sin B = \frac{b \sin A}{a}$$

$$\log \sin B = \log b + \log \sin A - \log a$$
$$\log b = 4,9914281$$
$$\log \sin A = \overline{1},6836994$$
$$- \log a = \overline{5},1818229 \quad (\log a = 4,8181771)$$
$$\log \sin B = \overline{1},8569504$$

Il y a deux solutions :

$$1^r \; B = 46°0'8''. \qquad 2^e \; B = 133°59'52''.$$

PREMIÈRE SOLUTION.	DEUXIÈME SOLUTION.
$B = 46°0'8''$.	$B = 133°59'52''$.

<table>
<tr><td>

Calcul de C.

$$C = 180° - (A + B) = 105°8'3'',4.$$

Calcul de c.

$$c = \frac{a \sin C}{\sin A}$$
$$\log c = \log a + \log \sin C - \log \sin A$$
$$\log a = 4,8181771$$
$$\log \sin C = \overline{1},9846698$$
$$- \log \sin A = 0,3163006$$
$$\log c = 5,1191475$$
$$c = 131567^m,10$$

Calcul de S.

$$S = \frac{bc \sin A}{2}$$
$$\log S = \log b + \log c + \log \sin A - \log 2$$
$$\log b = 4,9914281$$
$$\log c = 5,1191475$$
$$\log \sin A = \overline{1},6836994$$
$$- \log 2 = \overline{1},6989700$$
$$\log S = 9,4932450$$
$$S = 311347200 0^{mq}.$$

</td><td>

Calcul de C.

$$C = 180° - (A + B) = 17°8'19'',4.$$

Calcul de c.

$$c = \frac{a \sin C}{\sin A}$$
$$\log c = \log a + \log \sin C - \log \sin A$$
$$\log a = 4,8181771$$
$$\log \sin C = \overline{1},4693598$$
$$- \log \sin A = 0,3163006$$
$$\log c = 4,0038375$$
$$c = 40164^m,04$$

Calcul de S.

$$S = \frac{bc \sin A}{2}$$
$$\log S = \log b + \log c + \log \sin A - \log 2$$
$$\log b = 4,9914281$$
$$\log c = 4,6038375$$
$$\log \sin A = \overline{1},6836994$$
$$- \log 2 = \overline{1},6989700$$
$$\log S = 8,9779350$$
$$S = 95046260 0^{mq}.$$

</td></tr>
</table>

151. Troisième cas. — *Résoudre un triangle et trouver sa surface connaissant* $b = 98^m,54$; $c = 85^m,78$; $A = 41°55'14'',72$.

Calcul des angles B et C.

$$B + C = 180° - A. \quad \frac{B+C}{2} = 90° - \frac{A}{2} = 69°2'22'',64$$

$$\operatorname{tg}\left(\frac{B-C}{2}\right) = \frac{b-c}{b+c} \times \operatorname{cotg}\frac{A}{2}$$

$$\log \operatorname{tg}\left(\frac{B-C}{2}\right) = \log(b-c) - \log(b+c) + \log\operatorname{cotg}\frac{A}{2}$$

$$b - c = 12^m,56 \qquad b + c = 184^m,12 \qquad \frac{A}{2} = 20°57'57'',56$$

$$\log(b-c) = 1,0989896$$
$$- \log(b+c) = \overline{3},7548990 \quad (\log(b+c) = 2,2651010)$$
$$\log\operatorname{cotg}\frac{A}{2} = 0,4167209$$
$$\log\operatorname{tg}\left(\frac{B-C}{2}\right) = \overline{1},2506095$$
$$\frac{B-C}{2} = 10°5'50'',11$$
$$\frac{B+C}{2} = 69° \, 2'22'',64$$
$$B = 79° \, 8'12'',75$$
$$C = 58°56'52'',55$$

Calcul de a.

$$a = \frac{b \sin A}{\sin B} \qquad \log a = \log b + \log \sin A - \log \sin B$$

$$\log b = 1,9927502$$
$$\log \sin A = \overline{1},8248428$$
$$- \log \sin B = 0,0078551 \quad (\log \sin B = \overline{1},9921469)$$
$$\log a = 1,8254261$$
$$a = 66^m,90.$$

Calcul de la surface.

$$S = \frac{bc \sin A}{2} \qquad \log S = \log b + \log c + \log \sin A - \log 2$$

$$\log b = 1,9927502$$
$$\log c = 1,9333860$$
$$\log \sin A = \overline{1},8248428$$
$$- \log 2 = \overline{1},6989700$$
$$\log S = 3,4499290$$
$$S = 2817^{mq},9220.$$

152. Quatrième cas. — *Résoudre un triangle et calculer sa surface connaissant* $\quad$ a $= 100^{m},55$; $\quad$ b $= 147^{m},51$; $\quad$ c $= 128^{m},67$.

$$S = \sqrt{p(p-a)\ (p-b)\ (p-c)}.$$

$$\operatorname{tg}\tfrac{1}{2}A = \frac{S}{p(p-a)} \qquad \operatorname{tg}\tfrac{1}{2}B = \frac{S}{p(p-b)} \qquad \operatorname{tg}\tfrac{1}{2}C = \frac{S}{p(p-c)}$$

$$2p = a + b + c = 576,55$$

$p = 188,265$	$\log p = 2,2747696$	$-\log p = \bar{5},7252504$
$p-a =\ 87,915$	$\log (p-a) = 1,9440650$	$-\log (p-a) = \bar{5},0559570$
$p-b =\ 40,755$	$\log (p-b) = 1,6101809$	$-\log (p-b) = \bar{2},5898191$
$p-c =\ 59,595$	$\log (p-c) = 1,7752098$	$-\log (p-c) = \bar{2},2247902$

$$\log S = \tfrac{1}{2}\left[\log p + \log (p-a) + \log (p-b) + \log (p-c)\right]$$

$$
\begin{aligned}
\log p &= 2,2747696\\
\log (p-a) &= 1,9440630\\
\log (p-b) &= 1,6101809\\
\log (p-c) &= \underline{1,7752098}
\end{aligned}
$$

$$\log S = \tfrac{1}{2}(7,6042255) = 5,8021116.$$

$$S = 6540^{mq},5260.$$

Calcul de A.

$$\operatorname{Log}\operatorname{tg}\tfrac{1}{2}A = \log S - \log p - \log (p-a)$$

$$
\begin{aligned}
\log S &= 5,8021116\\
-\log p &= \bar{3},7252504\\
-\log (p-a) &= \underline{\bar{2},0559570}
\end{aligned}
$$

$$\log\operatorname{tg}\tfrac{1}{2}A = \bar{1},5832790$$

$$\tfrac{1}{2}A = 20^{\circ}57'57'',55$$

$$A = 41^{\circ}55'14'',70.$$

<table>
<tr><td align="center">Calcul de B.</td><td align="center">Calcul de C.</td></tr>
</table>

$\log\operatorname{tg}\tfrac{1}{2}B = \log S - \log p - \log (p-b)$

$$
\begin{aligned}
\log S &= 5,8021116\\
-\log p &= \bar{3},7252504\\
-\log (p-b) &= \underline{\bar{2},5898191}
\end{aligned}
$$

$$\log\operatorname{tg}\tfrac{1}{2}B = \bar{1},9171611$$

$$\tfrac{1}{2}B = 59^{\circ}54'\ 6'',57$$

$$B = 79^{\circ}\ 8'12'',74.$$

$$\log\operatorname{tg}\tfrac{1}{2}C = \log S - \log p - \log (p-c)$$

$$
\begin{aligned}
\log S &= 5,8021116\\
-\log p &= \bar{3},7252504\\
-\log (p-c) &= \underline{\bar{2},2247902}
\end{aligned}
$$

$$\log\operatorname{tg}\tfrac{1}{2}C = \bar{1},7521522$$

$$\tfrac{1}{2}C = 29^{\circ}28'16'',25$$

$$C = 58^{\circ}56'52'',50.$$

TROISIÈME PARTIE

CHOIX DE PROBLÈMES

DONNÉS EN COMPOSITION AUX EXAMENS DU BACCALAURÉAT ÈS SCIENCES.

ARITHMÉTIQUE

---

1. 50 ouvriers travaillant 3^h $\frac{1}{2}$ par jour pendant 18 jours ont élevé un mur dont les dimensions sont 3^m, 1.25^m et $0^m,50$: combien de jours faudra-t-il à 33 ouvriers travaillant 10 h. par jour pour construire un mur ayant pour dimensions 4^m, 2.10^m et $0^m,75$?

2. Quel est le capital qui, placé à 5 $\frac{1}{2}$ p. 100 pendant 8 mois 10 jours, a produit un intérêt de 258 fr. ?

3. A quel taux était placé un capital de $3227^f,50$ qui a produit un intérêt de $147^f,25$ en 9 mois 10 jours ?

4. Un capital de 3372 fr. a produit $103^f,25$ d'intérêt en 3 mois 10 jours : combien un capital de 3738 fr. produira-t-il au même taux en 7 mois 15 jours ?

5. Des obligations au porteur de 1000 fr. chacune rapportent 50 fr. par an : on prend ces obligations à 1045 fr. A quel taux l'argent est-il ainsi placé ?

6. Une personne doit 5000 fr. ; elle remet à son créancier un billet de 4200 fr. payable dans 4 mois : combien doit-elle ajouter d'argent pour acquitter sa dette ? Le taux de l'escompte est 6 p. 100.

7. Une personne emprunte 1000 fr. : elle doit rendre 300 fr. dans 6 mois, 300 fr. dans 8 mois, 300 fr. dans 10 mois et 100 fr. dans un an. Quelle somme le prêteur devra-t-il remettre à la personne, s'il prélève d'avance les intérêts eu égard aux remboursements successifs ? Le taux est 5 p. 100.

8. On a deux paiements à effectuer, l'un de 15000 fr. au bout de 4 ans 6 mois, et l'autre de 27000 fr. au bout de 7 ans 8 mois : on voudrait s'acquitter en une fois au moyen d'un paiement de 42000 fr. On demande à quelle époque il devra s'effectuer. L'intérêt est simple et le taux est 5 p. 100.

9. Partager $88° \; 21' \; 13''$ en parties proportionnelles aux nombres 3,2 ; 5,3 et 8,5.

10. Partager 817,25 en parties proportionnelles à trois arcs, le premier de $12° \; 45'$; le second de $15° \; 20'$; le troisième de $19° \; 11'$.

11. Partager 1 en parties proportionnelles à $\sqrt{2}$ et $\sqrt{3}$: on calculera les résultats à 0,001 près.

12. On a mélangé 40 litres de vin à $0^f,60$ avec 65 litres de vin à $1^f,30$: quel est le prix de revient du litre du mélange ?

13. Calculer à 0,001 près la racine carrée de

$$\frac{\sqrt{355} + \sqrt{113}}{\sqrt{355} - \sqrt{113}}.$$

14. Calculer à 0,01 près l'expression

$$\sqrt{\frac{2\pi + 49}{8 - \pi}}.$$

ALGÈBRE

15. Diviser $32x^5 + 243$ par $2x + 3$.

16. Résoudre le système d'équations

$$\begin{cases} \dfrac{x}{5} + \dfrac{y}{5} = 8 \\[2mm] \dfrac{x}{9} - \dfrac{y}{10} = 1 \end{cases}$$

17. Résoudre le système d'équations :

$$\begin{cases} 2x + 5y + 3z = 46 \\ 3x - 2y - z = 2 \\ 5x + 3y - 2z = 20 \end{cases}$$

18. Résoudre le système d'équations :

$$\begin{cases} 2x - 3y - z = 1 \\ 3x + 2y - 2z = 15 \\ 5x - 4y - 2z = 11 \end{cases}$$

19. Résoudre le système d'équations :

$$\begin{cases} 3x + 2u - 3y = 18 \\ 3x + y - 4u = 9 \\ x - 7z - 6y = 35 \\ 5z - 2x - 8y + 3u = 15 \end{cases}$$

20. Résoudre le système d'équations :

$$\begin{cases} 3x - 3y + 4z - 2u = 1 \\ 3y - 2x - 3z + 3u = 7 \\ 5z - 2x - 3y + 5u + 2? \\ 3x + 2y - 2z + 4u = 19 \end{cases}$$

21. Résoudre le système d'équations :

$$\begin{cases} \dfrac{x}{3} + \dfrac{y}{5} + \dfrac{2z}{7} = 58 \\[2mm] \dfrac{5x}{4} + \dfrac{y}{6} + \dfrac{z}{3} = 76 \\[2mm] \dfrac{x}{2} - \dfrac{y}{5} + \dfrac{7z}{10} = 147\dfrac{}{5} \end{cases}$$

22. Déterminer 4 nombres sachant que leurs sommes trois à trois sont 9, 10, 11 et 12.

23. Deux points A et B sont distants de 225 kilomètres ; les 100 kilogrammes de charbon coûtent en A, 3ᶠ,75 et en B, 4ᶠ,25. On demande : 1° quel est le point de la ligne AB où le charbon coûte le même prix, qu'il vienne de A ou de B ; 2° de démontrer que ce point est celui de AB où le charbon coûte le plus cher. Le prix de transport est de 0ᶠ,08 par tonne et par kilomètre.

24. Un convoi part à 8ʰ20ᵐ pour faire un trajet de 471 kilom. qu'il effectue en 16ʰ40ᵐ : quelle vitesse doit avoir un autre convoi qui part 1ʰ20ᵐ après lui pour l'atteindre à 356 kilom. du point de départ ?

25. Un trapèze a deux angles droits A et C (*fig. 7*) ; déterminer la distance OC à laquelle se fait la rencontre des côtés non parallèles prolongés. Discuter la formule à laquelle on arrive.

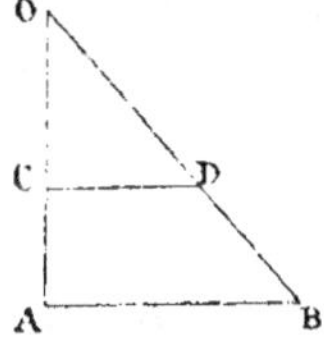

Fig. 7.

26. Résoudre l'équation

$$\frac{x}{a} + \frac{a}{x} = \frac{x}{b} + \frac{b}{x}.$$

27. Résoudre l'équation

$$\frac{x - a}{2a} = \frac{2b}{2x + a}.$$

28. Résoudre l'équation

$$\frac{7x + 10}{x - 2} = \frac{5x}{12} + \frac{55}{6}.$$

29. Trouver un nombre qui surpasse sa racine carrée de 156.

30. Résoudre l'équation

$$\sqrt{x} + \sqrt{20 - x} = 6.$$

31. Résoudre l'équation

$$x - 5 = \sqrt{x + 1}.$$

32. Résoudre l'équation

$$x - 1 = \sqrt{1 - \sqrt{a^4 - x^2}}.$$

33. Trouver les racines réelles de l'équation

$$x^6 - 19x^3 - 216 = 0.$$

34. Trouver deux nombres connaissant leur somme 7 et la somme de leurs carrés 25.

35. Trouver deux nombres connaissant leur différence 3 et la différence 117 de leurs cubes.

36. Trouver deux nombres connaissant leur somme 11 et la somme 341 de leurs cubes.

37. Trouver deux nombres sachant que leur somme est 65 et que la somme de leurs rapports direct et inverse est 2,05.

38. Partager 590 en deux parties ayant pour produit 80464.

39. Partager 12 en deux parties telles que la plus grande soit moyenne proportionnelle entre le nombre tout entier et la plus petite.

40. Déterminer les 3 côtés d'un triangle rectangle sachant qu'ils sont exprimés par 3 nombres entiers consécutifs.

41. Résoudre le système des équations

$$2x^2 - 3y^2 = 95$$
$$xy = 77$$

42. Résoudre le système

$$x^2 - y^2 = 2,297$$
$$xy = 3,247$$

43. Résoudre le système

$$x - y = 1,025$$
$$x^2 + y^2 = 13,199.$$

44. Résoudre le système

$$2x + 3y = 16$$
$$3x^2 - 2y^2 = 67.$$

45. Résoudre le système

$$xy^2 = 18$$
$$x + y^2 = 11.$$

46. Résoudre le système

$$3a^2 - 2y^2 = 19$$
$$2x^2 + 5y^2 = 38.$$

47. Résoudre le système

$$x^2 - y^2 = 5$$
$$x^2 + y^2 - xy = 5.$$

48. Résoudre le système

$$x - y = 17$$
$$x^3 - y^3 = 29393.$$

49. Résoudre le système

$$x + y = \frac{21}{8}$$
$$\frac{x}{y} - \frac{y}{x} = \frac{55}{6}.$$

50. Résoudre le système

$$x + y = 8$$
$$x^3 + y^3 = 224.$$

51. Résoudre le système

$$x + y = 10$$
$$x^3 + y^3 = 200.$$

52. Trouver la somme des carrés des racines d'une équation du second degré.

53. Partager 10 en deux parties dont les carrés soient proportionnels à 13 et 7.

54. Trouver deux nombres ayant pour différence 1,54 et dont la somme des carrés égale 51,1858.

55. Partager 10 en deux parties dont la somme des cubes égale 370.

56. Calculer les côtés d'un triangle rectangle dont le périmètre vaut 132^m et dont la somme des carrés des côtés égale 6050.

57. Trouver 4 nombres en proportion connaissant la somme de leurs carrés 62,5; sachant de plus que le 1er surpasse le 2e de 4 et que le 3e surpasse le 4e de 3.

58. Deux lumières sont distantes de 6^m; l'intensité de la 1re est 1 et celle de la seconde est 4,5. A quelle distance de la seconde faut-il placer un écran sur la ligne qui joint les deux lumières pour qu'il soit également éclairé ?

59. Calculer la profondeur d'un puits sachant qu'il s'est écoulé $58''$ entre l'instant où l'on a laissé tomber une pierre dans ce puits et celui où l'on a entendu le bruit de la chute. La vitesse du son $= 340^m$; $g = 9,8088$.

60. Démontrer que si le polynome $x^3 + px^2 + qx + r$ est réduit à zéro par l'hypothèse $x = a$, il est divisible par $x - a$. Décomposer ensuite ce polynome en 3 facteurs du 1er degré en x.

61. La somme des côtés de deux cubes vaut 5^m, et la somme de leurs volumes vaut $56^{mc},6$. Calculer les longueurs des deux côtés. Dire en outre quelle est la plus petite valeur que peut prendre la somme des volumes des deux cubes, la somme de leurs côtés restant constante.

62. Décomposer en facteurs du premier degré le trinome

$$9x^2 + 9x + 2.$$

63. Décomposer en facteurs du premier degré le trinome

$$- 2x^2 - 5x + 5.$$

64. Décomposer en facteurs du premier degré le trinome

$$x^3 - 15x^2 + 16.$$

65. Comment varie le trinome

$$x^2 - 6x + 15,$$

lorsque x croît de $-\infty$ à $+\infty$.

66. La quantité x variant de $-\infty$ à $+\infty$, dire dans quels intervalles la fonction

$$\frac{2x^2 + 5x - 5}{6x^2 - x - 2}$$

sera positive, et dans quels intervalles elle sera négative.

67. Trouver le minimum de l'expression

$$5x + \frac{27}{x}.$$

68. Trouver la valeur de x qui rend minimum l'expression

$$5x^2 - 7x + 8.$$

69. Trouver la valeur de x qui rend maximum l'expression

$$- 5x^2 + 11x - 7.$$

70. Trouver le maximum et le minimum de l'expression.

$$\frac{x^2 + 5x + 5}{x^2 + 1}.$$

71. Trouver le maximum et le minimum de l'expression

$$\frac{5x^2 - 4x - 1}{x^2 + 2}.$$

72. Trouver le maximum et le minimum de l'expression

$$\frac{3x^2 - 5x + 1}{5x^2 - 4x + 1}.$$

73. Trouver le maximum et le minimum de l'expression

$$\frac{x^2 + 2x - 5}{x^2 - 2x + 5}.$$

74. Trouver le maximum et le minimum de l'expression

$$\frac{x^2 + 4x - 56}{2x - 10}.$$

75. Trouver le maximum et le minimum de l'expression

$$\frac{x^2 + 2x - 4}{6x - 8}.$$

76. Trouver le maximum et le minimum de l'expression

$$\frac{6x^2 - 4x + 5}{x^2 - 4x + 1}.$$

77. Trouver le maximum et le minimum de l'expression

$$\frac{x^2 - 7}{x + 4}.$$

78. Trouver le maximum et le minimum de l'expression

$$\frac{x^2}{x - 1}.$$

79. Trouver le maximum et le minimum de l'expression

$$\frac{a^2 + 1}{x}.$$

80. Trouver le maximum et le minimum de l'expression

$$\frac{x^2 - 6x + 8}{2x - 8}.$$

81. Trouver le maximum et le minimum de l'expression

$$\frac{x^2 - x - 4}{x - 1}.$$

82. On donne le produit de deux nombres positifs, trouver le minimum de leur somme.

83. Les nombres x et y étant assujétis à vérifier l'équation

$$ax + by = c,$$

dans laquelle a, b, c désignent des quantités données positives, on demande de les déterminer de telle sorte que leur produit xy soit maximum.

84. Étant donnés les trois nombres positifs a, b, c, trouver deux nombres positifs x et y, tels que l'on ait :

$$ax + by = c,$$

et que la somme $x^2 + y^2$ soit la plus petite possible.

85. Partager 27 en deux parties telles que 4 fois le carré de la première, plus 5 fois le carré de la seconde forment une somme minimum.

86. Partager une droite dont la longueur est $5{,}5^m$ en deux parties x et y telles que $x^2 + 5y^2$ soit minimum.

87. Partager 1225 en deux parties telles que 3 fois la racine carrée de la première, plus 4 fois la racine carrée de la seconde forment une somme maximum.

88. La somme des surfaces latérales de deux cylindres ayant pour hauteurs h, h' est égale à la surface d'une sphère de rayon a. Trouver les valeurs des rayons des bases pour lesquelles la somme des volumes des cylindres est minimum.

89. On donne une droite $AB = 1^m$ (*fig.* 8). Déterminer le point C par la condition que le triangle équilatéral ADC, plus le carré CBEF et le triangle CDE donnent une surface minimum. Calculer en outre cette surface minimum à $0{,}0001$ près.

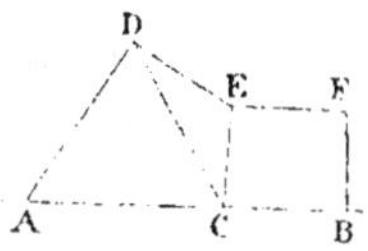

Fig. 8.

90. Inscrire dans un cercle un rectangle de surface maximum.

91. Inscrire dans un carré un rectangle de surface maximum.

92. Inscrire dans un carré un carré de surface minimum.

93. Inscrire dans un triangle un rectangle de surface maximum.

94. Étant donné un trapèze isocèle, construire sur la grande base un rectangle inscrit dans le trapèze et dont la surface soit maximum.

95. De tous les triangles ayant même périmètre, quel est celui dont la surface est maximum ?

96. Parmi les triangles isocèles inscrits dans un cercle, quel est celui dont la surface est maximum ?

97. Inscrire dans un cône un cylindre de volume maximum.

98. Inscrire dans une sphère un cône dont la surface latérale soit maximum.

99. Partager le nombre 87 en parties formant une progression arithmétique ayant 7 pour premier terme et 3 pour raison. Calculer le dernier terme.

100. Combien faut-il prendre de termes dans la progression $\div 5 \cdot 9 \cdot 13 \cdot 17 \ldots$ pour que la somme égale à 10877 ?

101. Calculer la somme des n premiers nombres impairs.

102. Déterminer les trois côtés d'un triangle rectangle sachant qu'ils forment une progression arithmétique ayant 0,5 pour raison.

103. Deux mobiles partent en même temps de deux points A et B et marchent sur AB dans le même sens, le mobile en A poursuivant celui en B. Le premier parcourt 1^{m} dans la première minute, 3^{m} dans la seconde, 5^{m} dans la troisième, etc. ; le second parcourt 3^{m} dans la première minute, 4^{m} dans la seconde, 5^{m} dans la troisième, etc. Au bout de combien de minutes le premier mobile aura-t-il rejoint le second ? La distance $AB = 75^{m}$.

104. Partager 195 en trois parties formant une progression géométrique et telles que la troisième surpasse la première de 120.

105. Trouver la limite de la somme des termes de la progression $\frac{1}{2}$, $\frac{1}{4}$, $\frac{1}{8}$, $\frac{1}{16}$ . . . . .

106. Insérer 4 moyens géométriques entre 17,524 et 59,815.

107. Trouver un nombre x tel que $\log x = 5,278447$.

108. Calculer à l'aide des tables et sous forme de fraction décimale la racine cubique de $\dfrac{25}{72586}$.

109. Calculer par logarithmes l'expression

$$\frac{51,071 \times 21,572 \times 7,259}{0,515 \times 0,719 \times 0,021}.$$

110. Quelle est la base du système de logarithmes dans lequel on a $\log 5 = 1000$?

111. Résoudre les équations
$$x + y = 94, \quad \log x + \log y = 2,64856.$$

112. Que deviennent 160000^f à intérêts composés à 5 p. $^0/_0$ en 4 ans ?

113. Combien rapporte en 8 ans un capital de 5625^f placé à intérêts composés à 5 p. $^0/_0$?

114. Quelle somme faut-il placer à intérêts composés à 5 p. $^0/_0$ pendant 15 ans pour qu'elle devienne 25455^f ?

115. Quel est le capital qui, placé à intérêts composés pendant 7 ans à 5 p. $^0/_0$, devient 1514^f,70 ?

116. Une somme de 5682^f,48 placée à intérêts composés pendant 8 ans a augmenté de 1546^f,73. A quel taux était-elle placée ?

117. Pendant combien de temps un capital doit-il rester placé à intérêts composés à 5 p. $^0/_0$ pour se doubler ?

118. Au bout de combien de temps un capital placé à intérêts composés à 5 p. $^0/_0$ est-il triplé ?

119. Pendant combien de temps un capital de 7872^f doit-il rester placé à 5 p. %, pour devenir 12528^f?

120. Pendant combien de temps un capital de 24000^f doit-il resté placé à 4 ½ p. %, pour rapporter à intérêts composés 56548^f,70?

121. Au bout de combien de temps sera doublée la population d'un État qui augmente chaque année de la 294me partie de sa valeur?

122. Quelle est l'annuité à payer pour éteindre en dix ans une dette de 17685^f,35 au taux de 5 p. %?

123. Quelle somme unique faudrait-il payer immédiatement pour remplacer 6 annuités de 395^f chacune, le taux étant 5 p. %?

124. Quelle somme unique faudrait-il payer dans 5 ans pour remplacer 7 annuités de 6000^f chacune, le taux étant 4 ½ p. %?

125. On doit payer 2000^f chaque année pendant 12 ans : quelle somme faudrait-il payer dans 4 ans pour remplacer ces annuités, le taux étant 5 p. %?

126. Une personne place annuellement chez un banquier pendant 30 ans une somme de 500^f à 4 p. % : combien le banquier devra-t-il à la personne à la fin de la 30e année?

127. On emprunte une somme A à intérêts composés à 5 p. %. Quelle annuité faudra-t-il payer pour qu'au bout de 5 ans la dette soit réduite à $\dfrac{A}{2}$?

GÉOMÉTRIE

GÉOMÉTRIE PLANE.

128. Etant donnés un angle et un point dans son plan, mener par le point une droite qui retranche des côtés de l'angle à partir du sommet, des segments égaux.

129. Etant données deux parallèles et un point dans leur plan, mener par le point une sécante dont la partie comprise entre les deux parallèles soit égale à une ligne donnée.

130. Démontrer que les bissectrices des suppléments de deux angles d'un triangle et la bissectrice du 3me angle concourent au même point.

131. Les bissectrices de deux angles d'un triangle se coupent en un point o, les bissectrices de leurs suppléments se coupent en un point o' : prouver que la ligne oo' prolongée passe par le sommet du 3me angle du triangle.

132. Trouver le centre d'un cercle tangent en un point donné d'une droite et passant par un point donné en dehors de la droite.

133. Démontrer que le milieu de l'hypoténuse d'un triangle rectangle est à égale distance des 3 sommets du triangle.

134. Démontrer que si dans un triangle rectangle l'un des angles aigus vaut $30°$, le côté opposé est égal à la moitié de l'hypoténuse.

135. Élever une perpendiculaire à l'extrémité d'une droite qu'on ne peut prolonger.

136. Démontrer que le diamètre du cercle inscrit dans un triangle rectangle est égal à l'excès de la somme des deux côtés de l'angle droit sur l'hypoténuse.

137. Etant donnés un cercle et deux tangentes issues du même point, on mène une 3me tangente par un point quelconque du plus petit des deux arcs limités par les points de contact : démontrer que le périmètre du triangle ainsi formé est constant.

138. Calculer les valeurs des six segments déterminés sur les côtés d'un triangle par le cercle inscrit, les côtés valant 412^m, 506^m et 514^m.

139. Etant donné un triangle, décrire de ses 3 sommets comme centres des cercles tangents entre eux deux à deux, et déterminer les rayons de ces cercles en fonction des côtés a, b, c du triangle.

140. Par un point d'une circonférence on mène des cordes que l'on prolonge de quantités respectivement égales à elles-mêmes : prouver que les extrémités des prolongements appartiennent à une circonférence.

141. Etant données deux circonférences sécantes, on mène une corde PAB (*fig.* 9) et l'on joint QA, QB : démontrer que l'angle AQB a une valeur constante.

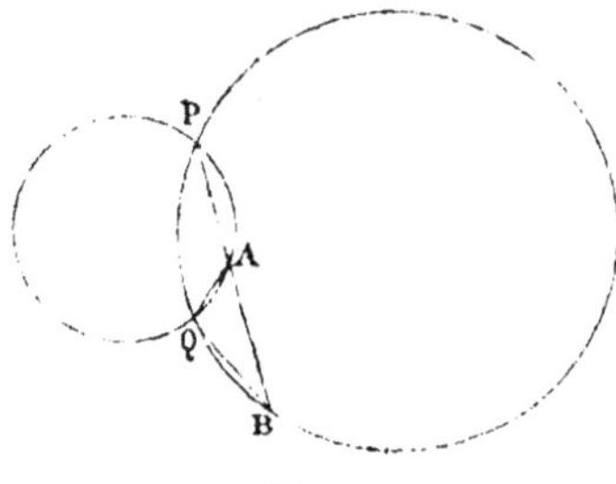
Fig. 9.

142. D'un point pris en dehors d'un cercle, on lui mène des sécantes : déterminer le lieu géométrique des milieux des cordes interceptées.

143. Démontrer que lorsque plusieurs cordes d'un cercle étant prolongées vont concourir au même point, leurs milieux sont sur une circonférence.

144. Etant donnés un cercle et un point extérieur, mener par le point une sécante telle que la corde interceptée soit égale à une ligne donnée.

145. Par le point de contact de deux circonférences tangentes, on mène deux cordes communes : prouver que les lignes qui joignent leurs extrémités sont parallèles.

146. Les rayons de deux cercles valent $0^m,05$ et $0^m,02$: quelle doit être la distance de leurs centres pour qu'une tangente commune intérieure fasse avec la ligne des centres un angle de $50°$?

147. Quelle fraction de la circonférence est un arc de $25° 17' 32''$?

148. Calculer le rapport d'un arc de $321° 22'$ à un arc de $25° 21' 1''$ pris sur la même circonférence.

149. Étant donné un polygone régulier de 17 côtés, trouver l'angle formé par deux côtés successifs. Dire en outre s'il y a dans un tel polygone deux côtés parallèles et trouver le plus petit angle formé par deux côtés prolongés.

150. Les rayons de deux cercles concentriques valent 56^m et 20^m : calculer la longueur d'une corde du grand, tangente au petit.

151. Deux observateurs placés à bord de deux navires et élevés de 5^m au-dessus du niveau de la mer, cessent de se voir à la distance de 12600^m : déduire de là une valeur approchée du rayon de la terre.

152. A quelle distance en pleine mer s'étend la vue d'un homme placé à 60 mètres au-dessus du niveau de la mer ? On supposera le rayon de la surface de la mer égal à 6366198^m.

153. Calculer à $0^m,001$ près la longueur d'une tangente commune à deux cercles ayant pour rayons 58^m et 15^m et dont la distance des centres vaut 126 mètres.

154. On a deux cercles dont les rayons valent 62 mètres et 48 mètres, et la distance des centres $= 165^m$: calculer à $0^m,001$ près la portion comprise entre les deux cercles d'une parallèle à la ligne des centres menée à 50^m de celle-ci.

155. Dans un triangle rectangle, les deux côtés de l'angle droit valent 1^m et 2^m : calculer à $0^m,01$ près le rayon du cercle inscrit.

156. Dans un triangle rectangle un angle aigu $= 60°$ et le côté opposé vaut 1^m : calculer à $0^m,01$ près la valeur de l'autre côté de l'angle droit.

157. Mener par le centre d'un cercle une oblique CD(*fig.* 10) sur une tangente en un point A telle que l'on ait DE $= \dfrac{1}{2}$ AD.

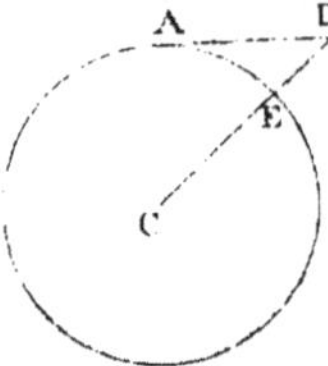

Fig. 10.

158. Les deux bases d'un trapèze valent 758^m et 548^m ; les deux autres côtés valent chacun 205^m. Calculer à $0^m,001$ près la longueur des diagonales du trapèze.

159. Du sommet de l'angle droit d'un triangle rectangle on abaisse une perpendiculaire sur l'hypoténuse. Calculer la longueur de cette perpendiculaire et celle de chacun des segments de l'hypoténuse, en fonction des côtés b et c de l'angle droit.

160. Dans un cercle de 26^m de rayon, on mène un diamètre et une corde perpendiculaires : la longueur de la corde est 24^m. Calculer la longueur de chacun des segments qu'elle détermine sur le diamètre.

161. Le rayon d'un cercle vaut $5^m,7$; on le prolonge d'une quantité égale à $2^m,4$; par l'extrémité du prolongement on mène deux tangentes au cercle et l'on joint entre eux les points de contact. Calculer la longueur de la corde ainsi formée, ainsi que sa distance au centre.

162. Les côtés de l'angle droit d'un triangle rectangle valent $5^m,128$ et $4^m,275$: calculer à $0^m,001$ près les segments que la bissectrice de l'angle droit de ce triangle détermine sur l'hypoténuse.

163. On donne l'hypoténuse d'un triangle rectangle et la perpendiculaire abaissée du sommet de l'angle droit sur cette hypoténuse: calculer les deux côtés de l'angle droit du triangle.

164. Étant donné un cercle et un point extérieur, mener par le point une sécante telle que la partie comprise dans le cercle soit moyenne proportionnelle entre la sécante entière et sa partie extérieure.

165. Sur une ligne AB dont la longueur égale $0^m,25$, on élève aux points A et B des perpendiculaires AC, BD dont les longueurs valent : AC, $0^m,15$; BD, $0^m,07$. On prend ensuite sur AB un point O tel que les angles COA, DOB soient égaux : calculer les longueurs OA, OB.

166. On prend sur le diamètre d'un cercle deux points C, D également distants du centre O et l'on joint ces deux points à un point quelconque M de la circonférence. Démontrer que la somme $\overline{MC}^2 + \overline{MD}^2$ est constante.

167. Deux cordes d'un cercle se coupent ; les deux parties de l'une valent respectivement $1^m,2$ et $0^m,1$; de plus, la différence entre les deux parties de l'autre est $1^m,84$. Calculer la longueur de cette dernière corde.

168. Étant donnée une circonférence dont le rayon $= 1^m$ et un point distant du centre de 8^m, mener par le point une sécante telle que la corde interceptée soit égale au rayon du cercle. On calculera à $0^m,01$ près la longueur de la partie extérieure de la sécante.

169. On prolonge le rayon d'un cercle d'une longueur donnée z ; mener par l'extrémité du prolongement une sécante telle que le rapport de cette sécante à sa partie extérieure soit égal à une quantité donnée K. Dire si K peut être pris arbitrairement.

170. Mener par un point pris sur une circonférence une tangente telle que sa longueur soit double de la partie extérieure d'une sécante passant par le centre et par l'extrémité de la tangente demandée.

171. Déterminer sur une tangente à un cercle de $5^m,015$ de rayon un point tel qu'une sécante menée au cercle par ce point et le centre soit partagée en deux parties égales au point où elle rencontre le cercle.

172. Partager une droite en parties proportionnelles à 2, $\dfrac{5}{4}$, $\dfrac{1}{2}$.

173. Étant données deux droites parallèles sur lesquelles sont pris deux systèmes de 5 points A, B, C, A', B', C', on donne AB $= 2^m$, BC $= 5^m$, A'B' $= 1^m,24$, B'C' $= 5^m,10$; dire si les droites AA', BB', CC' prolongées iront se rencontrer au même point.

174. On mène une droite par les milieux des côtés parallèles d'un trapèze, démontrer que cette ligne et les côtés non parallèles du trapèze étant prolongés iront se rencontrer au même point.

175. Deux triangles situés dans le même plan ont leurs côtés respectivement parallèles. Démontrer que les lignes qui joignent leurs sommets homologues étant prolongées vont se rencontrer au même point.

176. Par un des points d'intersection de deux circonférences sécantes on mène trois cordes communes. Démontrer que les triangles formés en joignant entre elles les extrémités de ces cordes sont semblables.

177. D'un point donné en dehors d'un cercle on mène des droites terminées à la circonférence et l'on prend sur ces droites, à partir du point donné, des longueurs proportionnelles aux droites entières. Prouver que les extrémités de ces longueurs sont sur une circonférence.

178. La ligne BC (*fig.* 11) étant perpendiculaire sur xy, on mène par le point A une sécante quelconque DE. Démontrer que le produit AD $\times$ AE est constant.

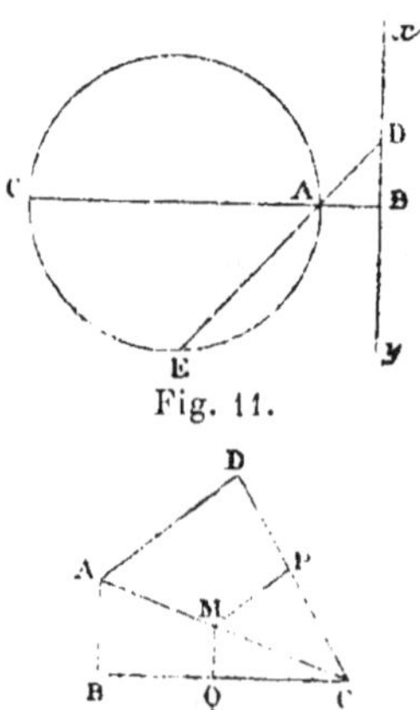

Fig. 11.

Fig. 12.

179. On a un quadrilatère ABCD (*fig.* 12) rectangle en B et D ; du point M milieu de la diagonale AC on abaisse les perpendiculaires MP, MQ sur les côtés CD, CB. Prouver que

$$\frac{MP}{AD} + \frac{MQ}{AB} = 1.$$

180. Deux cercles extérieurs

O, O' (*fig.* 15) étant donnés, on propose : 1° de trouver sur la ligne des centres un point P tel que les tangentes PA, PA' soient égales ; 2° de démontrer que tous les points de la perpendiculaire **MN** menée par le point P sur la ligne des centres OO' jouissent de la même propriété que ce point, c'est-à-dire que les tangentes menées d'un point quelconque de cette ligne aux deux cercles sont égales.

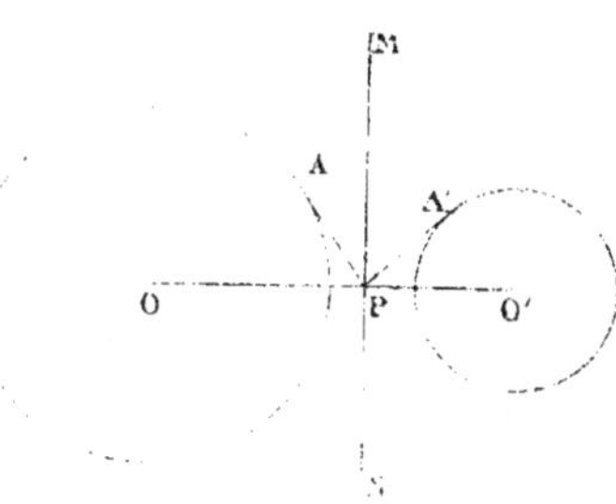

Fig. 15.

181. On joint entre eux les milieux des côtés d'un triangle. Démontrer que le triangle ainsi formé est semblable au premier et déterminer le rapport des surfaces des deux triangles.

182. Le côté d'un carré est égal à la diagonale d'un autre carré. Quel est le rapport des surfaces des deux figures ?

183. La surface d'un rectangle vaut $25^m,85$, sa base est à sa hauteur dans le rapport de 5 à 3. Calculer à $0^m,001$ près les dimensions du rectangle.

184. Les deux côtés de l'angle droit d'un triangle rectangle valent $5^m,7$ et $8^m,2$; du sommet de l'angle droit on abaisse une perpendiculaire sur l'hypoténuse. Calculer la surface de chacun des triangles ainsi formés.

185. Calculer la surface d'un triangle dont les côtés valent 585^m, 508^m, 251^m.

186. Étant donné un triangle, mener du sommet des lignes aboutissant à la base et qui divisent le triangle en 3 parties proportionnelles aux nombres 2, 3, 5.

187. Étant donnés une droite indéfinie AB et un point C dont la distance à la droite $= 28^m$, on décrit un arc de cercle du point C comme centre avec un rayon égal à 55^m, et l'on joint le point C aux points de rencontre de l'arc de cercle avec la droite AB. Calculer la surface du triangle ainsi formé et le côté du carré équivalent.

188. Trouver le côté d'un pentagone formé par un carré et un triangle équilatéral ayant un côté commun, sachant que sa surface $= 2^{hect}56^{are}$.

189. Prouver que le triangle qui a pour base l'un des côtés non parallèles d'un trapèze et pour sommet le milieu du côté opposé a sa surface égale à la moitié de celle du trapèze.

190. Dans le trapèze ABCD (*fig.* 14) on mène une ligne IK ; on donne $AB = 3^m,15$, $DC = 1^m,65$, $DI = 0^m,70$ et la hauteur $= 2^m$; on sait de plus que la partie IKCB est le tiers de l'autre DAKI. Calculer la longueur KB.

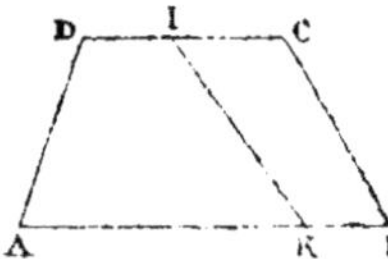

Fig. 14.

191. Calculer la surface d'un trapèze ABCD (*fig.* 14) sachant que $AB = 6^m,10$, $CD = 4^m,17$, $AD = 5^m,76$ et l'angle $A = 50°$.

192. Les côtés parallèles d'un trapèze valent $5^m,17$ et $5^m,121$; les deux autres côtés également inclinés sur la base valent chacun $2^m,2$. Calculer la surface du trapèze.

193. Dans un trapèze la grande base $= 18^m$, les angles adjacents valent chacun $45°$ et chacun des côtés non parallèles $= 7^m$. Calculer l'aire du trapèze ainsi que celle du triangle formé par la petite base et les côtés non parallèles prolongés.

194. Calculer l'aire d'un trapèze sachant que : 1° la hauteur est moyenne arithmétique entre les deux bases ; 2° la différence de celles-ci $= 1^m$; 3° la grande base est égale à l'hypoténuse d'un triangle rectangle dont les côtés de l'angle droit vaudraient respectivement la petite base et la hauteur.

195. Les deux bases d'un trapèze valent 18^m et 12^m, la hauteur $= 7^m$: à quelle distance de la grande base faut-il lui mener une parallèle pour que cette parallèle partage la surface du trapèze en deux parties équivalentes ?

196. L'une des bases d'un trapèze $= 10^m$, sa hauteur $= 4^m$, et sa surface $= 52^{mq}$: quelle est la longueur d'une parallèle aux bases distante de 1^m de la base donnée ?

197. Les deux bases d'un trapèze valent 10^m et 7^m : calculer la longueur d'une parallèle aux bases qui divise le trapèze en deux parties équivalentes.

198. Par un point pris sur une des bases d'un trapèze, mener une droite qui partage la figure en deux parties équivalentes.

199. On donne un trapèze ABCD : on partage les côtés non parallèles AC et BD à partir des points A et B dans le rapport de 2 à 5 et l'on joint les points de division. Démontrer que la droite ainsi obtenue est parallèle aux bases du trapèze et calculer sa longueur sachant que AB $= 1245^m$ et CD $= 5850^m$.

200. Étant donné un trapèze, calculer les surfaces des trois trapèzes obtenus en menant deux parallèles aux bases par les points de division de la hauteur partagée en trois parties égales.

201. La hauteur d'un trapèze $= 10^m$; sa surface est égale à celle du rectangle qui aurait pour dimensions ses bases ; de plus le quadruple de la hauteur $=$ deux fois la base inférieure, plus trois fois la base supérieure : calculer la longueur de chaque base.

202. Mener dans un triangle de base b et de hauteur h deux parallèles à la base telles que leur différence égale une quantité donnée d et que la surface du trapèze qu'elles comprennent égale un carré donné K^2. On examinera les conditions de possibilité du problème.

203. Dans un trapèze ABCD (*fig.* 15) on a AB $= 3^m$ et CD $= 5^m$: quelle position le point I doit-il occuper sur la diagonale BC pour que la parallèle KG à AC menée par ce point partage la surface du trapèze en deux parties ACGK, GKDB qui soient entre elles comme 5 est à 2 ?

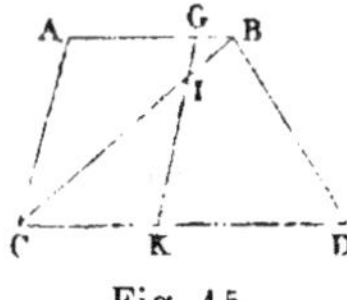

Fig. 15.

204. Dans le trapèze ABCD (fig. 16) AB $= 1^m$, AC $= 2^m$, CD $= 3^m$: déterminer dans quel rapport la ligne AC est partagée par la parallèle IK qui divise le trapèze en deux parties équivalentes.

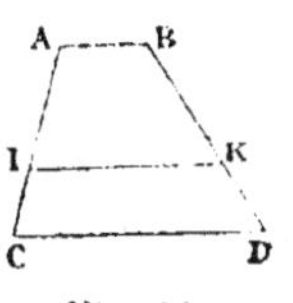

Fig. 16.

205. On donne un quadrilatère et un axe

situé dans son plan : prouver que la distance à l'axe du milieu de la ligne qui joint les milieux des deux côtés opposés du quadrilatère est moyenne arithmétique entre les distances des 4 sommets à l'axe.

206. Démontrer que si dans deux triangles ABC, A'B'C', deux angles A et A' sont supplémentaires, les deux triangles sont entre eux comme les rectangles des côtés qui comprennent les angles supplémentaires.

207. Les côtés d'un triangle valent 32^m, 28^m, 37^m : calculer à $0^m,001$ près les côtés d'un triangle semblable au premier et ayant sa surface triple.

208. Deux triangles équilatéraux ont respectivement pour côtés $43^m,57$ et $68^m,35$: calculer à $0^m,01$ près le côté d'un troisième triangle équilatéral ayant sa surface égale à la somme des surfaces des deux premiers.

209. Les côtés de deux hexagones réguliers valent 33^m et 56^m : calculer le côté d'un 3me hexagone régulier ayant sa surface égale à la somme des surfaces des deux premiers.

210. Les côtés de trois pentagones réguliers valent 5^m, 7^m, 13^m : calculer le côté d'un 4me pentagone régulier ayant sa surface égale à la somme des surfaces des trois premiers.

211. Mener par le sommet d'un triangle une droite aboutissant au côté opposé et qui détermine deux triangles tels que: 1° leur somme; 2° leur différence soit au rectangle des segments de la base comme m est à n.

212. Étant donnés deux nombres a et b, prouver que tout triangle dont les côtés sont proportionnels aux quantités ab, $\dfrac{a^2+b^2}{2}$, $\dfrac{a^2-b^2}{2}$ est un triangle rectangle.

213. Partager un triangle en deux parties équivalentes par une parallèle à l'un des côtés.

214. Mener dans un triangle une parallèle à l'un des côtés telle que le petit triangle ainsi formé soit égal au tiers du triangle total.

215. Partager un triangle en trois parties équivalentes par deux parallèles à l'un des côtés.

216. Partager un triangle en moyenne et extrême raison par une parallèle à l'un des côtés.

217. Construire un triangle équilatéral équivalent à un carré donné.

218. Construire un triangle équilatéral équivalent à un hexagone régulier donné.

219. Construire un triangle semblable à un triangle donné et dont la surface soit à celle du triangle donné comme une ligne m est à une ligne n.

220. Construire un carré qui soit équivalent aux deux tiers d'un polygone donné.

221. Mener dans un trapèze une droite parallèle aux bases et qui divise la figure dans le rapport de deux à trois. Construire l'expression obtenue comme résultat.

222. Partager géométriquement une longueur de un mètre en deux parties dont les carrés soient dans le rapport de deux à trois. Calculer ensuite les parties à moins de $0^{m},001$ près.

223. Trouver sur une droite AB un point K tel que l'on ait

$$AK \times KB = \frac{\overline{AB}^2}{2}.$$

224. Évaluer le côté d'un carré sachant que la différence entre ce côté et la diagonale du carré est égale à 6^{m} : calculer en outre le rayon du cercle circonscrit au carré.

225. Un terrain est limité par un polygone irrégulier dont le contour $= 432^{m}$ et dont tous les côtés sont tangents à un cercle de 54^{m} de rayon : calculer la surface du terrain et le côté du carré équivalent.

226. Calculer en hectares la surface d'un hexagone régulier de 255^{m} de côté.

227. La surface d'un hexagone régulier $= 54^{ares},19$: calculer son côté à $0^{m},001$ près.

228. Une salle rectangulaire a $6^m,936$ de longueur et $5^m,10$ de largeur ; on veut la carreler avec des carreaux ayant la forme d'hexagones réguliers de $0^m,1$ de côté en remplissant les vides aux angles et sur les côtés du rectangle avec des fragments de carreaux : calculer le nombre des carreaux nécessaires.

229. Calculer la surface d'un triangle équilatéral sachant que le rayon du cercle inscrit $= 142^m,25$.

230. D'un point situé dans le plan d'un triangle équilatéral de 500^m de côté, on voit deux côtés du triangle chacun sous un angle de $120°$: trouver la distance de ce point à l'un des sommets du triangle.

231. On donne un hexagone régulier et l'on joint ses sommets deux à deux ; on forme ainsi un second hexagone intérieur au premier : prouver qu'il est régulier et que sa surface est le tiers de celle du premier.

232. Calculer le périmètre d'un octogone régulier inscrit dans un cercle de $5^m,50$ de rayon.

233. Évaluer le côté et la surface d'un octogone régulier inscrit dans un cercle de 10^m de rayon.

234. Le périmètre d'un hexagone régulier $= 10^m$: calculer à 1 centimètre carré près la surface du cercle inscrit dans cet hexagone.

235. Calculer la surface d'un dodécagone régulier en fonction du rayon du cercle circonscrit.

236. A un cercle de 10^m de rayon on mène des tangentes perpendiculaires entre elles deux à deux : prouver que le lieu de leurs rencontres est une circonférence et en calculer le rayon.

237. Calculer le rayon d'un cercle dans lequel un arc de $1''$ vaut $0^m,001$.

238. Dans un certain cercle un arc de $97°21'46'',2$ vaut 25^m : calculer la graduation de l'arc de ce cercle ayant pour longueur 1 mètre.

239. Calculer à $0^m,001$ près la longueur d'une circonférence inscrite dans un triangle équilatéral de $7^m,55$ de côté.

240. Calculer à $0^m,001$ près la longueur de la corde qui sous-tend un arc de $120°$ dans un cercle de $457^m,23$ de rayon.

241. Calculer à $0^m,001$ près le rayon d'un cercle sachant qu'une corde de ce cercle $= 3^m,275$ et que la corde qui sous-tend un arc double $= 4^m,120$.

242. Calculer la corde, le secteur et le segment correspondants à un arc de $60°$ dans un cercle de $2^m,55$ de rayon.   .

243. Calculer les surfaces des cercles inscrit et circonscrit à un triangle équilatéral de 6^m de côté.

244. Deux cordes menées d'un même point d'une circonférence aux extrémités d'un même diamètre valent respectivement $4^m,19$ et $3^m,25$: trouver l'aire du cercle.

245. Calculer à un centimètre carré près l'aire d'un secteur de $50°30'42''$ situé dans un cercle de $1^m,92$ de diamètre.

246. Trouver à $1''$ près la graduation de l'arc d'un secteur dont la surface vaut un décimètre carré et qui appartient à un cercle de $0^m,5$ de rayon.

247. Calculer à $0^m,001$ près le rayon d'un cercle dans lequel l'arc d'un secteur de $0^{mq},64$ de surface a pour longueur $0^m,45$.

248. Calculer à un décimètre carré près l'aire d'un segment de cercle dont l'arc est de $300°$ et le rayon $= 1^m$.

249. Calculer en hectares la surface d'un segment compris entre un arc de $90°$ et sa corde dans un cercle de 728^m de rayon.

250. Évaluer le rapport des surfaces des deux segments dans lesquels est partagé un cercle par une corde égale au rayon.

251. Calculer le rapport de la surface d'un triangle équilatéral à celle du cercle circonscrit.

252. On prend sur un cercle un arc de $30°$; on forme le secteur et le segment correspondants. Calculer le rayon du cercle sachant que la surface du triangle surpasse celle du segment de 2^{mq}.

253. Trouver le rapport des surfaces d'un triangle équilatéral, d'un carré et d'un cercle sachant que le périmètre de chacune de ces figures vaut 4^m.

254. Calculer le côté d'un losange sachant qu'il est égal à la plus petite diagonale et que la surface du losange égale celle d'un cercle de 10^m de rayon.

255. On a une couronne circulaire comprise entre deux circonférences concentriques ; l'aire de cette couronne $= 4^{mq}$ et la différence des rayons des deux cercles $= 3^m,1416$. Calculer la longueur de chacun des rayons.

256. Calculer à $0^m,001$ près le rayon d'un cercle sachant que si ce rayon augmentait de $0^m,01$, l'aire du cercle augmenterait de 1^{mq}.

257. Calculer à $0^m,01$ près le rapport des surfaces des deux segments déterminés dans un cercle par une corde qui passe par le milieu du rayon auquel elle est perpendiculaire.

258. Un triangle équilatéral est inscrit dans un cercle ; la somme des aires des deux figures vaut 3^{mq}. Calculer l'aire de chacune d'elles.

259. Calculer le rayon d'un cercle sachant que la différence des aires de l'hexagone régulier et du carré inscrits est égale à 1^{mq}.

260. Calculer à $0^m,001$ près le rayon d'un cercle sachant que la surface de ce cercle surpasse celle de l'hexagone régulier inscrit de $62^{mq},25$.

261. Calculer à $0^m,001$ près le rayon d'un cercle sachant que la différence des aires de l'octogone et de l'hexagone réguliers inscrits est égale à 1^{mq}.

262. Partager au moyen d'un cercle concentrique, un cercle en deux parties qui soient entre elles comme 3 est à 4.

263. Partager un cercle en moyenne et extrême raison au moyen d'une circonférence concentrique.

264. A un cercle de rayon donné R on circonscrit un triangle équilatéral ABC et l'on mène une tangente DE parallèle au côté BC : calculer la surface du trapèze BCDE.

GÉOMÉTRIE DANS L'ESPACE.

265. Un point O est situé à 1^m au-dessus d'un plan horizontal ; on mène par ce point des plans inclinés de $45°$. Démontrer que les traces de ces plans sur le plan horizontal sont des tangentes à une circonférence de 1^m de rayon ayant pour centre le pied de la perpendiculaire abaissée du point O sur le plan horizontal.

266. Les trois angles consécutifs que font entre elles 3 droites issues du même point valent $157°$, $115°$, $110°$; dire si ces droites sont ou non dans le même plan.

267. Un parallélipipède rectangle a pour volume $4762^m,7$. Calculer la longueur de ses arêtes sachant qu'elles sont entre elles comme 3, 5 et 7.

268. On fabrique avec de l'or dont la densité est $19,56$ des feuilles qui ont $0^{mm},001$ d'épaisseur. Quelle surface pourra-t-on recouvrir avec 5 grammes de ces feuilles ?

269. Un bassin dont le fond est horizontal a la forme d'un prisme droit dont la base est un octogone régulier de 10^m de côté. Combien contient-il de mètres cubes d'eau lorsque le niveau de celle-ci s'y élève à $0^m,75$?

270. La hauteur d'un prisme droit $= 0^m,1$; chaque base est un rectangle dont l'un des côtés est double de l'autre ; de plus, les deux bases et les quatre faces latérales ont une surface totale de $28^{cent. q}$. Calculer l'aire des bases et celle des faces latérales.

271. Un prisme en fonte pèse 3^k ; sa base est un triangle équilatéral et sa hauteur est double du côté de sa base. Calculer ce côté. La densité de la fonte est $7,7$.

272. La surface totale d'un prisme droit hexagonal régulier vaut 12^{mq} et sa hauteur $= 0^m,1$; il est en aluminium de densité $= 2,5$. Calculer son poids.

273. On veut construire une digue en granit longue de 750^m, haute de $5^m,50$ et large de $5^m,75$ à la base et de $4^m,20$

au sommet ; le mètre cube de ce granit pèse 2500^k et le kilog. coûte 0^f,03. Calculer le prix de la digue.

274. Un chemin de fer traverse une plaine horizontale sur un remblai ayant 6^m de hauteur, 8^m de largeur au sommet et des talus dont la pente est $\dfrac{5}{4}$. Calculer combien ce remblai contient de mètres cubes sur un kilomètre de longueur, et dire en outre quelle est sur la même longueur la surface de chaque talus.

275. Trouver la hauteur d'une pyramide régulière à base carrée dont la surface de la base $= 6^{mq},7485$ et la longueur de chaque arête $= 5^m,89$.

276. Trouver le volume d'une pyramide hexagonale régulière dont le côté de la base $= 1^m$ et dont chaque arête $= 2^m$.

277. Calculer le volume d'un tétraèdre régulier dont l'arête $= 1^m$.

278. Calculer le côté d'un tétraèdre régulier dont le volume $= 100^{mc}$.

279. Étant donné un angle solide trirectangle SABC, on prend sur les arêtes des longueurs $SA = a$, $SB = b$, $SC = c$. Trouver l'expression du volume de la pyramide triangulaire qui aurait pour sommet S et pour base ABC.

280. Une pyramide a pour hauteur $5^m,40$ et pour base un carré de $2^m,25$ de côté. A quelle distance de la base faut-il mener un plan parallèle à cette base pour que la section qu'il détermine ait pour surface $3^{mq},24$?

281. Calculer le poids d'un obélisque ayant la forme d'un tronc de pyramide à base carrée ; les côtés des deux bases valent $1^m,83$ et $0^m,75$; la hauteur $= 67^m,15$ et la densité de la substance $= 2,57$.

282. Calculer en hectolitres la capacité d'un bassin de forme carrée de 12^m de côté dont les murs sont en talus, le fond étant un carré de 10^m de côté et la profondeur étant $2^m,10$.

283. Le volume d'un tronc de pyramide triangulaire régulière $= 100^m$; sa hauteur $= 9^m$ et le côté de l'une des bases $= 6^m$. Quel est le côté de l'autre base ?

284. Les bases d'un tronc de pyramide sont deux hexagones réguliers ayant pour côtés 1^m et 2^m. Calculer la hauteur de ce tronc sachant que son volume est de 12^{mc}.

285. Trouver le volume d'un tronc de pyramide triangulaire régulière dont la grande base a pour côté 9^m, la petite 4^m et dont l'arête latérale $= 10^m$.

286. Un tronc de pyramide triangulaire a pour bases des triangles isocèles dont l'angle au sommet est de $45°$; les côtés égaux de l'un valent 1^m, ceux de l'autre $\frac{1}{3}$ de mètre, la hauteur du tronc $= 6^m$. Calculer le volume de la pyramide formée par la petite base et le prolongement des faces latérales du tronc.

287. Une pyramide triangulaire a pour hauteur 16^m et pour côtés de sa base 13^m, 14^m et 15^m ; on mène à 2^m du sommet un plan parallèle à la base et l'on demande le volume du tronc ainsi déterminé en le considérant comme la différence entre les volumes de la grande et de la petite pyramide.

288. Calculer le volume compris entre 4 trapèzes isocèles et ayant pour bases deux rectangles parallèles dont les dimensions sont pour l'un 3^m et 2^m, et pour l'autre $1^m,5$ et 1^m ; la longueur des côtés non parallèles des trapèzes est pour chacun $1^m,2$.

289. La base d'une pyramide régulière est un triangle équilatéral dont le côté est a. La hauteur de la pyramide est égale à $2a$. A quelle distance de la base ABC faut-il mener un plan parallèle DEF pour que la surface du triangle DEF soit égale à la surface latérale du tronc ABCDEF.

290. Calculer le poids de la quantité de terre qui pourra être transportée sur un tombereau dont la caisse a à l'intérieur les dimensions suivantes : profondeur $= 0^m,75$, longueur au fond $= 1^m,35$, longueur au bord supérieur $= 1^m,52$, largeur au fond $= 0^m,62$, largeur au bord supérieur $= 0^m,86$. Cette caisse est à fond plat et on la suppose entièrement remplie. La densité de la terre $= 2,68$.

291. A quelle distance de la base d'une pyramide faut-il mener un plan parallèle pour que le volume de la petite pyramide soit sept fois moindre que celui du tronc?

292. Une pyramide dont une arête $a = 24^m,638$ est coupée par un plan parallèle à la base, de telle sorte que le volume de la petite pyramide est le dixième de celui de la pyramide totale : calculer la distance du sommet comptée sur l'arête a, à laquelle le plan a été mené.

293. Pour déterminer le rayon d'une sphère, on a décrit d'un point P comme pôle un petit cercle dont le rayon $= 0^m,063$; la distance rectiligne du pôle P à un point du petit cercle $= 0^m,087$: déduire de là la valeur du rayon de la sphère.

294. Calculer les dimensions du litre sachant que c'est un cylindre dont la hauteur est double du diamètre de la base.

295. Calculer les dimensions de l'hectolitre sachant que c'est un cylindre dont la hauteur est égale au diamètre de la base.

296. Un cylindre de fer de $2^m,55$ de hauteur pèse 41 kilogr.: calculer le diamètre de sa base. La densité du fer $= 7,788$.

297. Un fil cylindrique en argent ayant $0^m,0015$ de diamètre pèse $3^{gr},287$; on veut le recouvrir d'une couche d'or de $0^m,0002$ d'épaisseur : trouver le poids de l'or nécessaire. La densité de l'argent $= 10,47$; celle de l'or $= 19,26$.

298. Il faut un centimètre cube d'or pour dorer la surface latérale d'un cylindre ayant pour hauteur $0^m,75$ et pour rayon de base $0^m,2$: quelle est l'épaisseur de la couche d'or?

299. Quelle est la longueur d'un fil de platine ayant un diamètre de $\dfrac{1}{1200}$ de millimètre, et dont le poids est 1 gramme ? La densité du platine $= 20$.

300. On verse 12 kilogr. de mercure dans un vase cylindrique dont le diamètre intérieur est égal à $0^m,1$: à quelle hauteur le mercure s'élèvera-t-il dans le vase? La densité du mercure $= 13,596$.

301. Un gramme de mercure occupe dans un tube capillaire une longueur de $0^m,157$: quel est le diamètre intérieur du tube ? La densité du mercure $= 13,596$.

302. Connaissant la surface latérale et le volume d'un cylindre, trouver sa hauteur et le rayon de sa base.

303. Connaissant le côté a d'un cône et le rayon R de la base, calculer la surface de la section faite parallèlement à la base à une distance h du sommet.

304. Mener dans un cône dont la hauteur $= 20^m$ et le volume $= 387^{mc}$ un plan parallèle à la base, de telle sorte que le volume du petit cône ainsi déterminé soit égal à 95^{mc}.

305. Un cône dont la hauteur $= 6^m$ et le rayon de base $= 4^m$ est coupé par un plan parallèle à la base distant du sommet de 2^m : calculer la surface latérale et le volume du tronc de cône déterminé par ce plan.

306. Les rayons des deux bases d'un tronc de cône valent $7^m,50$ et $3^m,50$; la hauteur $= 2^m$: calculer la hauteur et le volume du cône entier.

307. Partager la surface latérale d'un cône en trois parties équivalentes par deux plans parallèles à la base.

308. Un cône droit de 82^m de hauteur est partagé en trois parties équivalentes par deux plans parallèles à sa base : calculer les distances de ces deux plans au sommet du cône.

309. Connaissant le rayon de base et la hauteur d'un cône, déterminer la distance au sommet d'un plan parallèle à la base sachant que ce plan détache du solide un cône dont la surface totale est égale à la surface latérale du cône donné.

310. Un vase de forme conique contient un litre ; il a $0^m,25$ de diamètre à son ouverture et est rempli par de l'eau et du mercure : calculer l'épaisseur de la couche d'eau sachant qu'elle a le même poids que celle du mercure. La densité du mercure $= 13,596$.

311. Un vase de forme conique a $0^m,12$ de hauteur ; il est rempli de mercure et d'eau de telle sorte que le poids du mercure est triple de celui de l'eau : calculer les hauteurs respectives des deux liquides dans le vase. On prendra la densité du mercure égale à 13,6.

312. Dans le triangle rectangle AOB (*fig. 17*), le côté
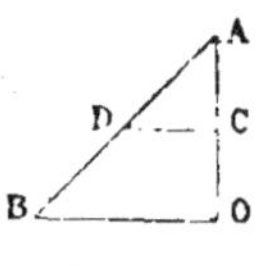
AO $= 2^m$ et le côté BO $= 1^m,5$. Par le milieu C du côté AO on mène une droite CD parallèle à BO et l'on demande de calculer la surface latérale du tronc de cône engendré par le trapèze BOCD tournant autour de AO.

Fig. 17.

313. La surface latérale d'un tronc de cône $= 5454$ décim. carrés ; les rayons des bases valent $1^m,42$ et $0^m,64$: calculer la hauteur du tronc.

314. Calculer les rayons des bases d'un tronc de cône connaissant l'arête a du tronc, sachant que cette arête fait un angle de 60° avec le plan de la base inférieure, et que la surface totale du tronc est égale à celle d'une sphère ayant pour diamètre l'arête a.

315. Calculer la surface totale d'un tronc de cône sachant que le rayon de la base supérieure $= 1^m$, le rayon de la base inférieure $= 2^m$ et la hauteur $= 1^m$.

316. Les rayons des deux bases d'un tronc de cône valent $5^m,5$ et $7^m,5$; la hauteur $= 2^m$: calculer la surface latérale et le volume du cône entier.

317. Étant donné le rayon R de la base d'un cône et sa hauteur H, à quelle distance x du sommet faut-il mener un plan parallèle à la base pour que le volume du tronc de cône ainsi déterminé soit égal au double du volume de la sphère ayant x pour diamètre ?

318. Étant donné le rayon de la base et le côté d'un cône droit à base circulaire, à quelle distance du sommet faut-il mener un plan parallèle à la base pour que la surface totale du petit cône soit égale à la surface totale du tronc de cône ?

319. Les rayons des bases d'un tronc de cône valent $9^m,48$ et $7^m,25$; la hauteur $= 4^m,5$: par quel nombre faut-il multiplier la surface latérale du tronc pour que le produit soit égal à son volume ? En d'autres termes, quel est le rapport de son volume à sa surface latérale ?

320. Le volume d'un tronc de cône $= 41^{mc},389$; sa hauteur est $1^m,817$ et le rayon de l'une des bases $= 2^m,90$: calculer à $0^m,01$ près le rayon de l'autre base.

321. Un tronc de cône a pour rayons de bases 11^m et 2^m : quel doit être le rayon de base d'un cylindre de même hauteur pour qu'il ait son volume égal à celui du tronc?

322. Un cylindre et un tronc de cône ont des hauteurs égales; le rayon de base du cylindre est égal à celui d'une des bases du tronc : quel doit être le rapport des rayons des bases de ce dernier pour que son volume soit les deux tiers de celui du cylindre?

323. Démontrer que le volume d'un tronc de cône est égal à la différence des volumes de deux sphères ayant pour rayons les rayons des bases, lorsque la hauteur du tronc est égale à quatre fois la différence de ces rayons.

324. Démontrer que, si l'apothème d'un tronc de cône est égale à la somme des rayons des bases, la moyenne géométrique entre ces rayons est égale à la moitié de la hauteur du tronc, et le volume de celui-ci est égal au produit de sa surface totale par le sixième de la hauteur.

325. Un réservoir a la forme d'un tronc de cône dont le fond a 1^m de diamètre; la surface de l'eau contenue dans ce réservoir et qui s'y élève à $1^m,50$ présente un diamètre de $1^m,60$. On laisse tomber dans ce réservoir un bloc cubique de marbre de $0^m,4$ de côté, et l'on demande de combien s'élèvera le niveau de l'eau.

326. Un vase qui a la forme d'un tronc de cône a $0^m,60$ de hauteur à l'intérieur, et les diamètres de ses deux bases valent $0^m,40$ et $0^m,50$. Il est plein de poudre destinée à remplir des obus dont le diamètre intérieur $= 0^m,1$: combien pourra-t-on en remplir?

327. Mener dans une sphère un plan perpendiculaire à un diamètre, de telle sorte que les deux zones ainsi formées soient entr'elles comme 2 est à 3.

328. Un petit cercle tracé sur une sphère en divise la surface en parties qui sont entr'elles comme 3 est à 1 : on construit les deux cônes qui ont le petit cercle pour base commune et les deux pôles pour sommets. Calculer le rapport du volume de chacun des deux cônes au volume de la sphère.

329. Une zone à deux bases appartient à une sphère de 15^m de rayon; la surface de cette zone $= 100$ mètres carrés et la distance d'une des bases au centre est 1^m. Calculer la surface de l'autre base.

330. Les deux bases d'une zone située sur une sphère de 4^m de rayon sont distantes du centre de 2^m et 3^m. Calculer leurs surfaces et celles de la zone.

331. Dans une sphère de 1^m de rayon, la zone engendrée par un arc tournant autour du diamètre qui passe par une de ses extrémités a pour base un cercle dont la surface est le quart de celle de la zone. Calculer la hauteur de cette zone.

332. Calculer la surface d'une calotte sphérique dont la hauteur est $0^m,032$ et le rayon de base $0^m,045$.

333. Couper une sphère par un plan de telle sorte que la section soit les trois quarts de la surface de la zone correspondante.

334. Calculer à un cent. carré près la surface d'une zone engendrée par un arc de $30°$ dans un cercle dont le rayon $= 3^m,261$, en tournant autour du diamètre qui passe par l'une de ses extrémités.

335. Calculer la surface d'une calotte sphérique vue par un observateur placé à une distance $= R + h$ du centre d'une sphère de rayon R.

336. Quelle est la surface d'une calotte sphérique dont le rayon de base $= 0^m,015$ et qui appartient à une sphère de $0^m,027$ de rayon ?

337. Calculer le côté d'un carré dont la surface serait égale à celle de la terre supposée sphérique. On prendra la circonférence de la terre $= 40000$ kilom.

338. Le rayon d'une sphère étant 1^m, calculer à $0^m,001$ près la hauteur d'un cône ayant pour base un petit cercle et pour sommet le centre de la sphère, sachant que sa surface latérale est le dixième de la surface de la sphère.

339. Calculer à un décim. cube près le volume engendré par un secteur circulaire dont l'angle au centre $= 45°$ et qui tourne autour d'un de ses côtés, le rayon du cercle auquel il appartient valant $4^m,128$.

340. Calculer le volume engendré par un secteur circulaire tournant autour d'un de ses côtés, sachant que l'arc de ce secteur a pour corde le côté du triangle équilatéral inscrit et que le rayon du cercle $= 1^m$.

341. Trouver le volume d'une sphère circonscrite à un cube de $0^m,56$ de côté.

342. Quel diamètre faut-il donner à un bassin hémisphérique pour que sa capacité soit un hectolitre ?

343. Calculer à $0,001$ de millimètre près le rayon d'un vase hémisphérique capable de contenir $5^{kilogr.}$ de mercure. La densité du mercure $= 13,6$.

344. On veut construire une chaudière ayant la forme d'un cylindre terminé par deux demi-sphères ; déterminer le diamètre intérieur qu'il faut lui donner, sachant que ce diamètre doit être le quart de la longueur totale, et que la capacité de la chaudière doit être de 45 hectolitres.

345. Une sphère creuse de cuivre de $0^m,18$ de rayon contient une sphère de platine de $0^m,05$ de rayon ; il n'y a aucun vide entre les deux sphères. Calculer le poids total des deux sphères à un gramme près. La densité du cuivre $= 8,85$; celle du platine $= 21,55$.

346. Une sphère, un cylindre et un cône ont des volumes équivalents ; la sphère, la base du cylindre et celle du cône ont des diamètres égaux à $0^m,5$. Calculer la hauteur du cylindre et celle du cône.

347. Calculer le volume d'une sphère dans laquelle on connaît la hauteur et la surface d'une zone. Application : $h = 0^m,47$; $S = 2^{mq}$.

348. Trouver la surface d'une boule de verre pesant 1 kilog. La densité du verre $= 2,38$.

349. Un boulet de fonte pèse 12 kilogr. ; trouver son rayon ainsi que le poids de l'or nécessaire pour le dorer sur $0^m,0006$ d'épaisseur. La densité de la fonte $= 7,35$; celle de l'or $= 19,26$.

350. Un cône a le même volume qu'une sphère ; sa hauteur est égale au quart du diamètre de cette sphère. Calculer le rayon de sa base.

351. On donne la hauteur et la surface d'une calotte sphérique, calculer le volume du segment de sphère limité par cette calotte.

352. Une sphère de 7^m de rayon est coupée par deux plans parallèles menés d'un même côté du centre à des distances de ce point égales à 3^m et 5^m : déterminer la surface de la zone comprise entre ces deux plans ainsi que les surfaces des cercles qui lui servent de base.

On calculera en outre le volume du segment sphérique compris entre les deux plans parallèles.

353. Une sphère a pour rayon 10^m ; on mène un plan sécant à une distance du centre égale à la moitié du rayon : calculer le volume du segment détaché par ce plan.

354. On coupe une sphère de rayon R par un plan mené à une distance d du centre : trouver l'expression du volume du segment détaché par ce plan.

355. Étant donné une sphère (*fig.* 18), mener un plan AB tel que le volume du segment ABC soit égal à celui du cône ADB.

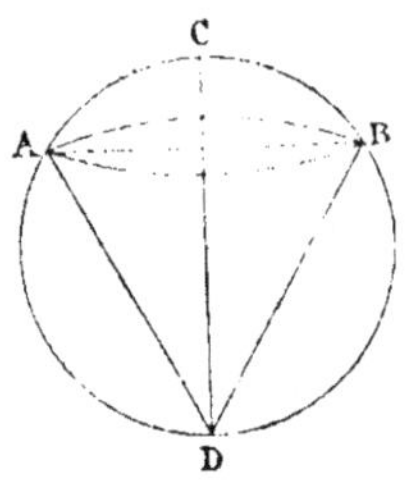

Fig. 18.

356. Calculer les rayons de deux sphères sachant que leur différence est $1^m,75$, et que la différence des volumes des deux sphères est 47 mètres cubes.

357. Calculer à $0^m,001$ près les rayons de bases de deux cylindres dont les hauteurs sont 1^m et 2^m, sachant que la somme de leurs surfaces latérales est égale à la surface d'une sphère de 2^m de rayon, et que la somme de leurs volumes est égale au volume d'une sphère de 3^m de rayon.

358. Calculer en litres la capacité d'un vase limité par des parois planes disposées de manière à être toutes tangentes à une sphère de $0^m,03$ de diamètre. La surface totale de ces faces $= 42$ décim. carrés.

359. Étant donné une sphère, on lui circonscrit un cylindre et un cône équilatéral. Démontrer que la surface totale du cylindre est moyenne proportionnelle entre la surface de la sphère et la surface totale du cône. — Même question pour les volumes des trois corps.

360. Un hexagone régulier de $104^m,638$ de côté tourne autour d'un de ses diamètres. Calculer à $0^{mq},01$ près la surface engendrée par le côté parallèle à l'axe de rotation.

361. Le diamètre d'un cercle $= 4^m$, une corde parallèle à ce diamètre $= 2^m$. Calculer la surface engendrée par cette corde tournant autour du diamètre.

362. Un demi-hexagone régulier de 24^m de côté tourne autour de son diamètre. Calculer à 1 décim. carré près la surface engendrée.

363. On donne une circonférence de diamètre AB (*fig.* 19) et l'on demande de mener par le point A une corde AC telle que si l'on fait tourner la figure autour de AB, la zone engendrée par l'arc AC soit dans un rapport donné $\dfrac{m}{n}$ avec la surface latérale du cône engendré par la corde AC.

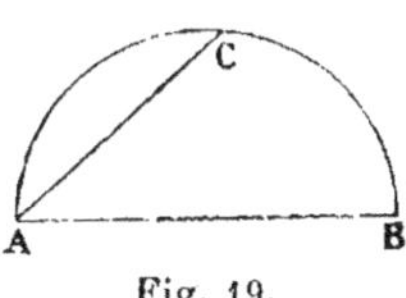

Fig. 19.

364. Calculer les côtés d'un triangle isocèle, sachant que sa surface est égale à celle d'un carré dont le côté est a et que la surface engendrée par le périmètre du triangle tournant autour de la base est égale à la surface d'une sphère de rayon donné R.

365. Un triangle rectangle dont les deux côtés de l'angle droit sont égaux respectivement à $3^m,2$ et $2^m,3$ tourne autour de son hypoténuse : calculer la surface engendrée par les deux côtés de l'angle droit.

366. Calculer à un décim. cube près le volume engendré par un triangle équilatéral tournant autour d'un de ses côtés. On supposera le côté du triangle $= 2^m,75$.

367. Calculer le volume engendré par un triangle équilatéral de $9^m,75$ de côté tournant autour d'un axe mené parallèlement à un côté par le sommet opposé.

368. Calculer à un décimètre cube près le volume engendré par un triangle isocèle dont la base $= 6^m$ et les côtés égaux valent chacun 9^m, en tournant autour d'un axe parallèle à sa base et passant par son sommet.

369. On a un cercle de 20^m de rayon ; par le milieu B du rayon OA (*fig.* 20) on mène la corde perpendiculaire MN et ensuite la tangente MP au point M. Calculer le volume engendré par le triangle MBP tournant autour de OP.

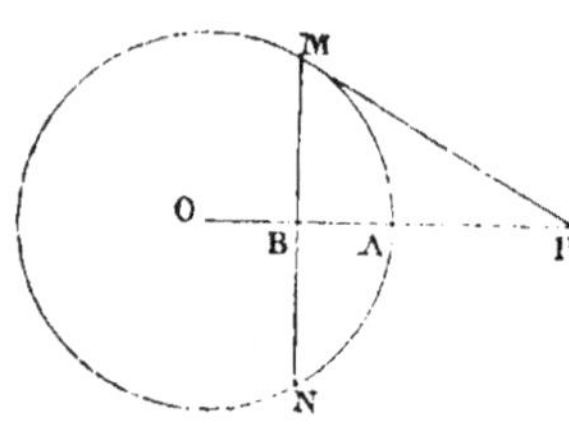

Fig. 20.

370. Évaluer le volume engendré par un hexagone régulier tournant autour d'un de ses côtés $= a$.

Application : $a = 1^m$.

371. Sur le diamètre d'un demi-cercle, on décrit deux autres demi-cercles ayant l'un et l'autre pour diamètre le rayon du premier ; on fait tourner le tout autour du grand diamètre. Évaluer le volume compris entre les trois surfaces engendrées.

372. On a un trapèze ABCD (*fig.* 21) ; sur AB comme diamètre on décrit une demi-circonférence. Calculer le volume engendré par la figure CAKBD en tournant autour de AB. On fera AC $= a$, BD $= b$, AB $= h$.

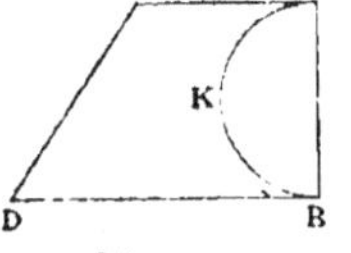

Fig. 21.

373. Démontrer que le volume engendré

par le rectangle ABCD (*fig.* 22) tournant autour de l'axe xy parallèle à BC est égal au produit de la surface ABCD par la circonférence ayant pour rayon OH.

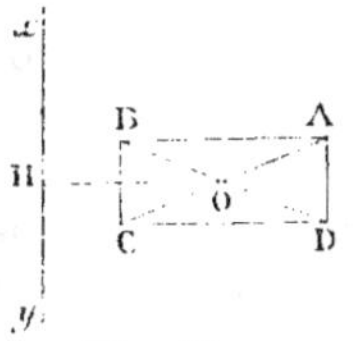

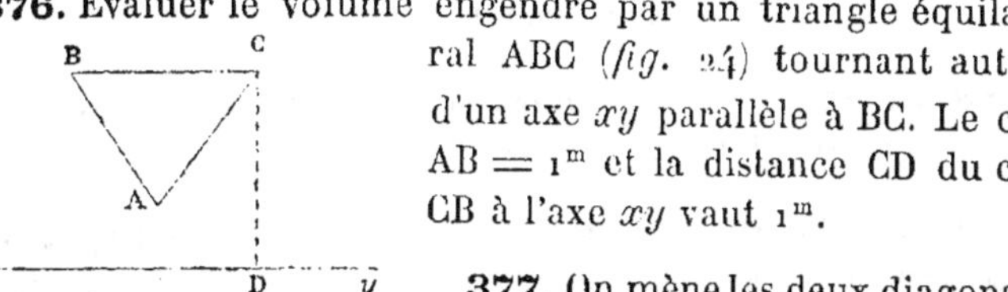

Fig. 22.

374. Étant donné un cercle de rayon R et un point dont la distance au centre $= d$, on mène par ce point une tangente et un diamètre, et l'on joint le point de contact au centre. Calculer le volume engendré par le triangle rectangle ainsi formé en tournant autour de son hypoténuse.

375. On a un rectangle ABCD (*fig.* 23); par le milieu E du côté BC on mène une droite MN et l'on suppose que la figure tourne autour de AD. Calculer le rapport des volumes engendrés par les triangles NEC, BEM. $AB = a$, $BM = b$.

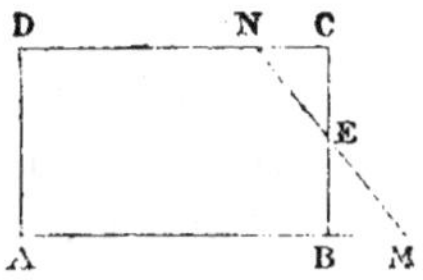

Fig. 23.

376. Évaluer le volume engendré par un triangle équilatéral ABC (*fig.* 24) tournant autour d'un axe xy parallèle à BC. Le côté $AB = 1^m$ et la distance CD du côté CB à l'axe xy vaut 1^m.

Fig. 24.

377. On mène les deux diagonales d'un rectangle (*fig.* 25) et par l'un des sommets on trace un axe parallèle à l'une d'elles : calculer en fonction des côtés a et b du rectangle les volumes engendrés en tournant autour de l'axe par chacun des quatre triangles formés par les côtés a, b et les diagonales.

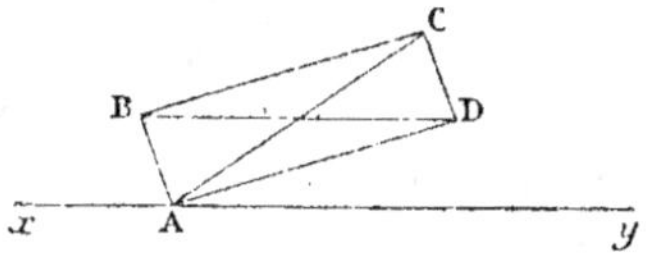

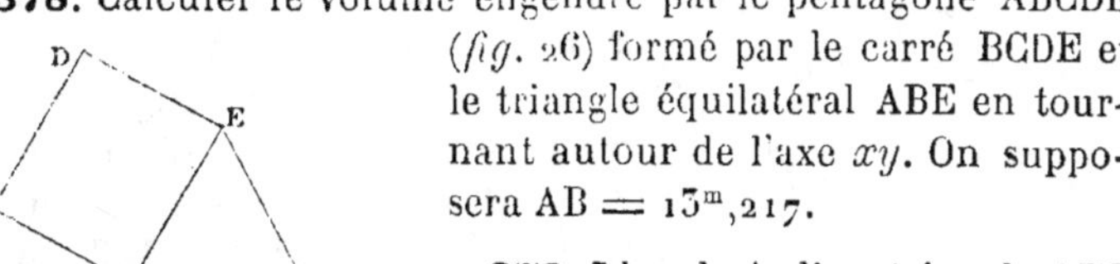

Fig. 25.

378. Calculer le volume engendré par le pentagone ABCDE (*fig.* 26) formé par le carré BCDE et le triangle équilatéral ABE en tournant autour de l'axe xy. On supposera $AB = 13^m,217$.

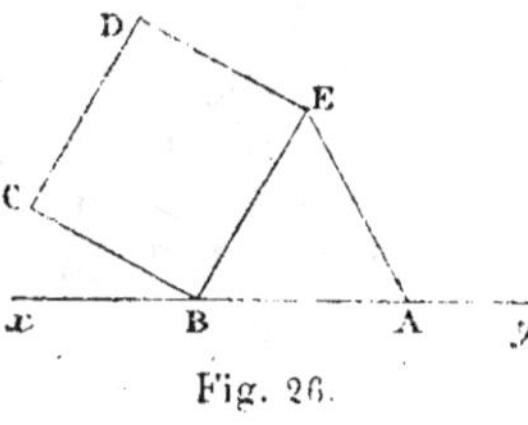

Fig. 26.

379. L'angle A d'un triangle ABC vaut $45°$, le côté $AB = 5^m$ et le côté

$AC = 6^m$: calculer le volume engendré par le triangle tournant autour d'un axe passant par le point A, perpendiculaire au côté AB et situé dans le plan du triangle.

380. Déterminer le rapport des volumes engendrés par un parallélogramme tournant successivement autour de deux côtés adjacents.

381. Dans un demi-cercle de rayon R on inscrit un demi-octogone régulier : calculer l'expression du volume engendré par la rotation du demi-octogone autour du diamètre du demi-cercle.

382. Étant donné un demi-cercle (*fig.* 27), mener une corde

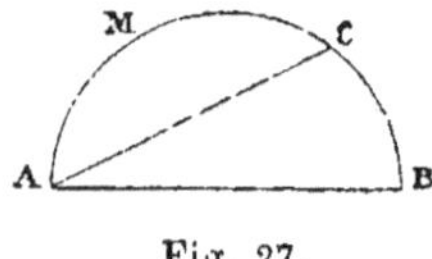

Fig. 27.

AC telle que si l'on fait tourner la figure autour du diamètre AB, le volume engendré par le segment de cercle AMC soit égal à la moité du volume de la sphère engendrée par le demi-cercle.

383. Déterminer le volume engendré par un triangle isocèle tournant autour d'un axe parallèle à sa base.

384. Un triangle rectangle tourne autour de son hypoténuse a, trouver l'expression du volume engendré en fonction des côtés b et c.

385. Les côtés d'un rectangle ABCD ont pour longueurs a et b : calculer le volume engendré par la révolution de la surface du rectangle autour d'un axe XY passant par le sommet A et mené perpendiculairement à la diagonale AC.

386. Étant donnés un cercle (*fig.* 28) et deux diamètres

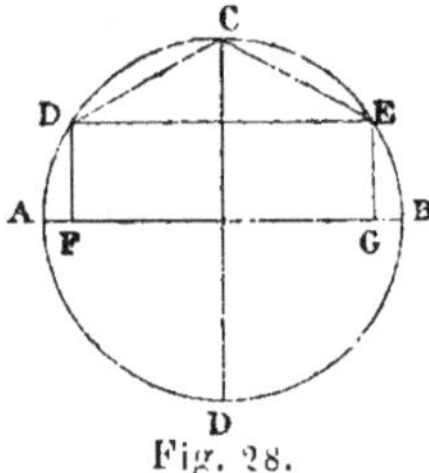

Fig. 28.

rectangulaires AB, CD, mener une corde DE parallèle au diamètre AB de manière que le volume du cylindre engendré par le rectangle DEGF tournant autour du diamètre AB soit égal au volume du solide engendré par le triangle DCE tournant autour du même diamètre AB.

387. Dans un cercle de rayon donné R

(*fig.* 29), on mène une corde DE égale au côté du pentagone

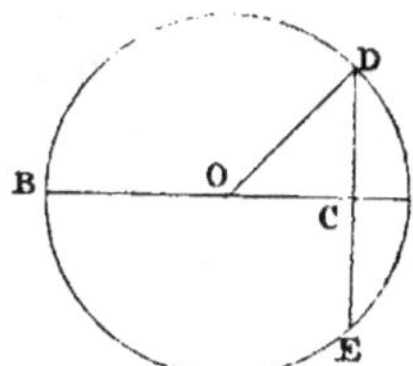
Fig. 29.

régulier inscrit, et l'on fait tourner la figure autour du diamètre AB perpendiculaire à la corde DE : calculer le volume du segment de sphère engendré par le demi-segment CDA.

388. Étant donnés un cercle et un diamètre AB (fig. 29), à quelle distance OC du centre faut-il mener une corde DE perpendiculaire à ce diamètre pour que le volume engendré par le demi-segment DCA en tournant autour du diamètre AC soit égal au volume engendré par le triangle OCD ?

389. Calculer les deux côtés b, c de l'angle droit d'un triangle rectangle connaissant l'hypoténuse a et sachant que le volume engendré par la révolution du triangle autour de l'hypoténuse a un volume égal à celui d'une sphère de rayon R.

390. Calculer les rayons des bases d'un tronc de cône circonscrit à une sphère de rayon donné, sachant que le rapport de la surface totale du tronc de cône à la surface de la sphère est égal à un nombre donné m.

391. Étant donné un hémisphère, trouver le rayon CD d'un

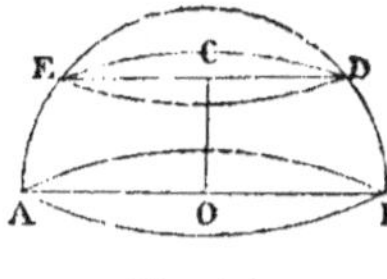
Fig. 30.

cercle DE (*fig.* 30) parallèle à la base AB de l'hémisphère et tel que le rapport du volume du tronc de cône ABDE à celui de la sphère qui a pour diamètre la distance OC des deux plans parallèles soit égal à un nombre donné m.

392. Étant donnés une sphère et un

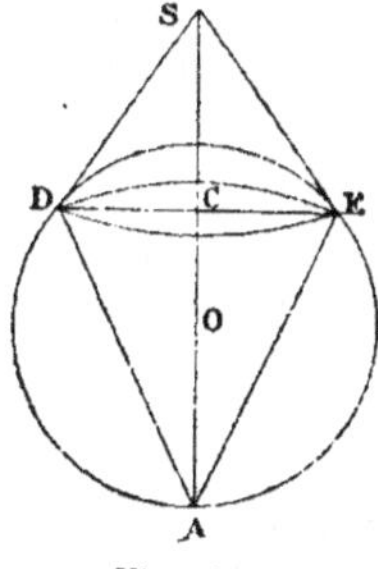
Fig. 31.

diamètre AB (*fig.* 31), à quelle distance OC du centre faut-il mener un plan DE perpendiculaire à ce diamètre pour que la surface latérale du cone SDE circonscrit à la sphère suivant la circonférence DE soit égal à la surface latérale du cone qui a pour base ce même cercle DE et pour sommet l'extrémité A du diamètre AB.

393. Étant donnés une sphère et un diamètre AB (*fig.* 32),
à quelle distance du point A faut-il mener
un plan perpendiculaire à ce diamètre pour
que la surface de la calotte sphérique DAE
soit égale à la surface latérale du cône
ayant B pour sommet et pour base le cercle
DE.

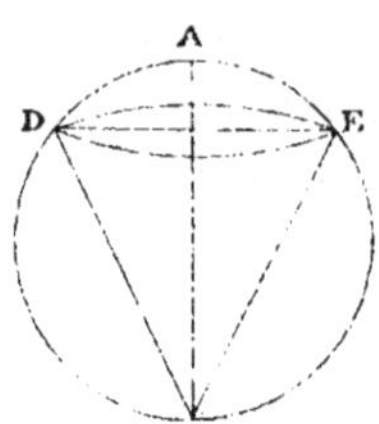

Fig. 32.

394. Quelle doit être la hauteur SA d'un
cône droit à base circulaire, circonscrit à
une sphère de rayon donné, pour que le rapport de la surface
totale du cône à la surface de la sphère soit égal à un nombre
donné m.

TRIGONOMÉTRIE

395. Le sinus d'un arc compris entre 90° et 180° est égal à
0,75825 : calculer à 0,001 près les autres lignes trigonométriques de cet arc et faire connaître leurs signes.

396. La cotangente d'un arc $= 1$, quel est le sinus de cet
arc?

397. L'arc de 75° peut se partager en deux arcs dont il est
possible de déterminer les sinus et cosinus au moyen de la
géométrie : calculer ces quatre lignes et s'en servir pour déterminer les sinus, cosinus et tangente de 75°.

398. Démontrer la relation

$$\cos(a+b)\cos(a-b) = \cos^2 a - \sin^2 b.$$

399. Démontrer la relation

$$\operatorname{tg} a + \operatorname{tg} b = \frac{2\sin(a+b)}{\cos(a+b) + \cos(a-b)}.$$

400. Trouver le sinus et le cosinus de la moitié d'un arc dont le sinus $= \dfrac{1}{4}$.

401. Le cosinus d'un arc compris entre $90°$ et $180°$ vaut $- 0,558$: calculer, sans faire usage des tables, le cosinus de la moitié de cet arc et vérifier ensuite à l'aide des tables le résultat obtenu.

402. Calculer, sans recourir aux tables, la tangente trigonométrique d'un arc égal au quart du quadrant.

403. Connaissant tangente a, calculer sin et cos $2a$.

404. Etant donné tang $\dfrac{1}{2} a = 2 - \sqrt{3}$, calculer sin et cos a.

405. Trouver le sinus et le cosinus de l'angle aigu x qui vérifie l'équation

$$\operatorname{tg} 2x = 3 \operatorname{tg} x.$$

406. Trouver coséc $2a$, sachant que cotg $a = \dfrac{4}{5}$.

407. Etant donné sin $30° = \dfrac{1}{2}$, calculer sin et cos $15°$.

408. La tangente de la moitié d'un angle a une valeur donnée m, calculer le sinus, le cosinus et la tangente de cet angle. On appliquera les formules trouvées au cas particulier de $m = \sqrt{2} - 1$.

409. Rendre calculable par logarithmes

$$\cos 15° - \sin 15°.$$

410. Vérifier la formule

$$\operatorname{tg} (45 + a) - \operatorname{tg} (45 - a) = 2 \operatorname{tg} 2a.$$

411. Démontrer que si l'on suppose $a + b + c = \pi$, on a :

$$\sin a + \sin b + \sin c = 4 \cos \frac{a}{2} \cos \frac{b}{2} \cos \frac{c}{2}.$$

412. Calculer avec 7 décimales les sinus des arcs de $20°$, $92°$, $164°$, $236°$, $308°$, ainsi que leur somme algébrique.

413. Déterminer tous les arcs compris entre $0°$ et $1000°$ dont le cosinus $= 0,548$.

414. Ttouver un arc compris entre $200°$ et $300°$ ayant pour tangente $1,57$.

415. Calculer à $0'',1$ près un arc x tel que $\operatorname{tg} x = \sqrt{\dfrac{2}{3}}$.

416. Calculer à $0'',1$ près un arc x tel que $\sin x = \sqrt[3]{\dfrac{2}{11}}$.

417. Calculer à $1''$ près un arc x tel que $\sin x = \dfrac{\sqrt[3]{2}}{\sqrt[5]{12}}$.

418. Calculer à $1''$ près un arc x tel que $\operatorname{tg} x = \sqrt{3} \times \operatorname{tg} 28°17'46''$.

419. Etant donnés deux arcs $a = 25°57'19''$ et $b = 21°16'46''$, calculer à $1''$ près un arc x tel que l'on ait

$$\sin x = \sin a + \sin b.$$

420. Trouver entre $0''$ et $45''$ un arc x tel que l'on ait

$$\sin x + \cos x = 1,15.$$

421. Trouver entre $0°$ et $360°$ un arc x tel que l'on ait

$$\cos x - \sin x = \sin 25°27'30''.$$

422. Trouver un arc x tel que l'on ait

$$\sin (x + 45°) + \sin (x + 75°) = \sin 82°.$$

423. Trouver un angle x tel que l'on ait

$$\operatorname{tg} (x + 75°) - \operatorname{tg} (x + 15°) = \operatorname{tg} a.$$

424. Etant donnés deux arcs $a = 38°14'36''$ et $b = 49°19'18''$, calculer un arc x tel que l'on ait

$$\operatorname{tg} x = \operatorname{tg} a + \operatorname{tg} b.$$

425. Calculer un arc dont le sinus égale la quinzième partie du sinus de l'arc de $15°$.

426. Calculer un angle x tel que l'on ait

$$2 \sin x = \sin (45° - x).$$

427. Calculer à $0'',1$ près un arc x tel que l'on ait

$$\sin 2x = \frac{5}{2} \sin x.$$

428. Trouver le sinus de l'angle aigu x qui vérifie l'équation

$$\cos 2x = \left(\frac{1 + \sqrt{3}}{2}\right) (\cos x - \sin x).$$

429. La lettre a désignant un nombre positif, trouver le sinus et le cosinus d'un angle x qui vérifie l'équation

$$\cos 2x = a (\cos x - \sin x).$$

430. Partager l'arc de $45°$ en deux arcs dont les tangentes soient entre elles comme 5 est à 6.

431. L'angle $a = 24°35'47''$: calculer les valeurs de x et de y qui vérifient les équations

$$x = \operatorname{tg} a + \sec a,$$
$$y = \operatorname{tg} \left(\frac{a}{2} + 45°\right).$$

432. Calculer tous les arcs x qui vérifient l'équation

$$\cos x + \cos \frac{x}{2} = 1,999.$$

433. Calculer tous les arcs x qui vérifient l'équation

$$\cos x + \cos (x + 50) = \frac{5}{2}.$$

434. Calculer à $0'',1$ près tous les arcs positifs et moindres que la circonférence qui satisfont à l'équation

$$\cos 2x = \cos x + 1.$$

435. Trouver un nombre positif x et un arc y compris entre $0°$ et $360°$ tels que l'on ait

$$x \cos y = + 524,6219,$$
$$x \sin y = - 549,7827.$$

436. Simplifier l'expression

$$\frac{\sin 7x}{\sin x} - 2\cos 2x - 2\cos 4x - 2\cos 6x.$$

437. Partager un arc de $30°$ en deux parties telles que le sinus de la première soit le triple du sinus de la seconde.

438. Résoudre l'équation

$$24508,75 \sin x + 89524,67 \cos x = 89785.$$

439. Déterminer l'arc x de telle sorte que

$$\sin x + \cos x$$

soit maximum.

440. Calculer directement $\sin 10°$ et indiquer l'approximation de la valeur obtenue.

441. Calculer la corde d'un arc de $12°$ dans un cercle de $386^{m},29$ de rayon.

442. Dans un cercle de $196^{m},275$ de rayon la corde d'un certain arc $= 258^{m},555$: quelle est la graduation de cet arc ?

443. Quelle est la graduation d'un arc dont la corde est les deux tiers du diamètre du cercle auquel il appartient.

444. Résoudre un triangle rectangle connaissant l'hypoténuse $a = 52^{m},526$ et le rapport des deux côtés de l'angle droit $\dfrac{b}{c} = 2,517$.

445. Calculer les angles d'un triangle rectangle dont l'hypoténuse $a = 55^{m}$ et la surface $= 726^{mq}$.

446. Calculer les angles d'un triangle rectangle sachant que les segments déterminés sur l'hypoténuse par la perpendiculaire abaissée du sommet de l'angle droit valent respectivement $5^{m},645$ et $4^{m},928$.

447. Trouver les angles d'un triangle rectangle sachant que la bissectrice de l'angle droit détermine sur l'hypoténuse des segments respectivement égaux à $4^{m},519$ et $5^{m},258$.

448. On donne l'hypoténuse a d'un triangle rectangle et la perpendiculaire h abaissée du sommet de l'angle droit sur cette hypoténuse : calculer les deux autres côtés du triangle.

449. On donne l'hypoténuse a d'un triangle rectangle et la perpendiculaire h abaissée du sommet de l'angle droit sur l'hypoténuse : trouver les formules pour calculer les angles aigus B et C. Le problème est-il toujours possible ?

450. On donne le périmètre $2p$ d'un triangle rectangle ABC et la perpendiculaire h abaissée du sommet A de l'angle droit sur l'hypoténuse BC : établir les formules qui permettent de calculer les angles aigus B et C. Le problème est-il toujours possible ?

451. On donne dans un triangle B$=68°26'17''$; C$=75°8'25''$ et la hauteur menée du sommet A $= 148^{m},19$: calculer les trois côtés du triangle.

452. Calculer à $0'',1$ près les angles d'un losange dont le périmètre $= 842^{m},695$ et l'une des diagonales $= 92^{m},355$.

453. Calculer à $1''$ près les angles d'un losange dont le périmètre $= 864^{m},56$ et la surface $= 52548^{m²}$.

454. Calculer à 1 décim. carré près la surface d'un losange circonscrit à un cercle de 68^{m} de rayon, sachant que l'un des angles de ce losange $= 45°24'57''$.

455. Un parallélogramme dans lequel un angle est égal à φ est circonscrit à un cercle de rayon R : déterminer la valeur de l'angle φ pour laquelle la surface du parallélogramme est minimum.

456. Sachant que les deux tangentes menées d'un point à un cercle comprennent entre elles un angle de une minute, trouver combien de fois la distance de ce point au centre du cercle est plus grande que le rayon.

457. Calculer les angles et la surface d'un triangle ayant pour côtés 6^{m}, 8^{m} et 10^{m}.

458. Résoudre un triangle connaissant

$$c = 105^{m},58, \quad a = 98^{m},55, \quad A = 25°17'58''.$$

459. Résoudre un triangle connaissant

$$A = 41°55'14'',72 \ ; \ \log b = 1,6525560 \ ; \ \log c = 1,6917002.$$

460. Dans un triangle on a

$$A = 24°25'41'' \ ; \ c = 268^m,84 \ ; \ a = 198^m,57 :$$

calculer l'angle B.

461. La base d'un triangle isocèle $= 1255^m$; les deux angles égaux valent chacun $64°22'$; calculer le rayon du cercle inscrit dans le triangle.

462. Dans un triangle on a :

$$a = 120^m, \qquad b = 135^m, \qquad c = 115^m :$$

calculer la hauteur correspondant au côté a.

463. On a dans un triangle

$$c = 23^m,215, \qquad b = 19^m,419, \qquad A = 46°29'57'' :$$

calculer la longueur de la bissectrice de l'angle A.

464. On a dans un triangle

$$a = 1520^m, \qquad b = 1600^m, \qquad c = 1750 :$$

calculer la longueur de la bissectrice de l'angle A.

465. On a dans un triangle

$$b = 92^m,55, \ c = 105^m,57 \text{ et } S = 542865 \text{ décim. carrés} :$$

calculer l'angle A.

466. Dans un triangle dont la surface est de $1330,74$ mètres carrés, on a :

$$A = 81°17'12'',45$$
$$B = 58°12'47'',55$$
$$C = 60''$$

calculer le côté c.

467. Dans un triangle dont la surface $= 10$ mètres carrés, on a :

$$A = 178°30'29''$$
$$B = 1°0'4''$$
$$C = 0°20'27''$$

calculer les trois côtés.

468. Dans un quadrilatère ABCD, on donne :

$$A = 223^m,215$$
$$CD = 143 ,519$$
$$BC = 72 ,417$$
$$D = 120^\circ 10',55''$$
$$C = 155^\circ 14',17''$$

calculer le côté AB.

469. On a dans un triangle

$$a = 415^m, \qquad b = 552^m, \qquad c = 249^m :$$

calculer le rayon du cercle circonscrit à ce triangle.

470. Dans un triangle ABC (*fig.* 33), AC $= 117^m,285$;
BC $= 89^m,244$; C $= 69^\circ 10' 20''$: déterminer sur AC un point M tel que la perpendiculaire MP abaissée sur AB partage le triangle en deux parties équivalentes.

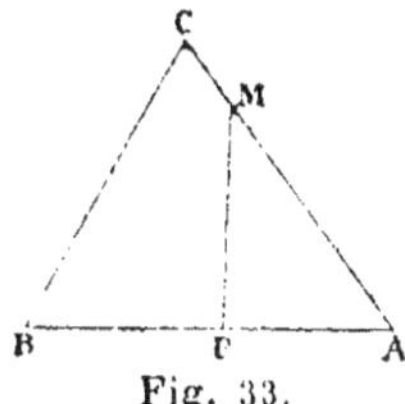

Fig. 33.

471. Dans un triangle ABC (*fig.* 33), calculer la longueur d'une perpendiculaire MP abaissée sur AB qui divise le triangle en deux parties équivalentes, sachant que AB $= 293^m,917$, AC $= 201^m,315$, l'angle A $= 23^\circ 27' 52''$.

472. Deux cercles sécants ont pour rayons $3^m,75$ et $2^m,15$; la distance de leurs centres $= 4^m,95$: calculer l'aire de la partie commune aux deux cercles.

473. Dans un cercle on a un triangle formé par une corde et deux rayons : trouver à $0'',1$ près la valeur que doit avoir l'angle au centre pour que la surface du triangle soit le douzième de celle du cercle.

474. On a dans un cercle un triangle formé par une corde et deux rayons ; quelle est la valeur de l'angle au centre pour laquelle la surface du triangle est maximum ? Déterminer le rapport entre cette surface maximum et celle du cercle.

475. Dans un cercle de 3^m de rayon on mène une corde qui soustend un arc de $141^\circ 27' 38''$: calculer la surface du segment ainsi formé.

476. Calculer à 1 centim. carré près la portion de la surface d'un cercle de 1^m de rayon comprise entre un diamètre et une corde parallèle située à $0^m,7$ de ce diamètre.

477. Une corde située dans un cercle de $2548^m,565$ de rayon a pour longueur $3609^m,019$: calculer à $0'',1$ près l'angle formé par les tangentes menées aux extrémités de l'arc sous-tendu.

478. Calculer la longueur de la diagonale d'un pentagone régulier dont le côté $= 1^m$.

479. Les diagonales d'un quadrilatère valent $295^m,515$ et $514^m,159$: elles forment entre elles un angle de $89°59'15''$: calculer la surface du quadrilatère.

480. Trouver la relation qui existe entre les cosinus des trois angles d'un triangle.

481. Calculer les rayons des cercles inscrit et circonscrit à un triangle dont on connaît les trois côtés.

482. Résoudre un triangle connaissant un côté, l'angle opposé et la somme des deux autres côtés.

483. Les côtés d'un triangle ont respectivement pour mesure les nombres

$$x^2 + x + 1, \quad 2x + 1, \quad x^2 - 1$$

la lettre x désignant un nombre quelconque plus grand que 1 : vérifier que l'angle opposé au côté $x^2 + x + 1$ vaut $120°$.

484. On a un cercle dont le diamètre $= 2$; on prend sur ce diamètre à partir du centre une longueur $= \sqrt{\dfrac{5}{2}}$: sous quel angle faut-il mener une sécante au cercle par le point ainsi obtenu pour que la corde interceptée soit égale à 1 ?

485. Même question, en supposant la longueur prise sur le diamètre égale à $\dfrac{\sqrt{5}}{2}$.

486. Un cercle a pour rayon 2^m ; on prolonge un rayon d'une quantité $= 5^m$: sous quel angle faut-il mener une sécante par l'extrémité du prolongement pour que la corde interceptée $= 5^m$?

487. Deux points A et B dont la distance connue est égale à d sont situés sur un même plan horizontal P ; le point C est en dehors du même plan. Ayant mesuré les angles $BAC = \alpha$, $ABC = \beta$ ainsi que l'angle γ que la droite AC fait avec le plan P, on demande de calculer la distance du point C au plan P.

488. Un mât vertical est situé au sommet d'une tour AB ; les rayons visuels dirigés aux deux extrémités du mât d'un point O du plan horizontal qui passe par le pied de la tour font avec l'horizon des angles de 50° et de 60°. Déterminer le rapport de la longueur BC du mât à la hauteur AB de la tour.

489. Une colonne de longueur b est surmontée d'un mât de longueur c. A quelle distance du pied de la colonne et dans le plan horizontal qui passe par ce pied doit être placé un observateur pour que le mât et la colonne soient vus sous le même angle ?

490. Deux circonférences de rayons a et b se touchent extérieurement ; on mène les tangentes communes extérieures et l'on demande de calculer le sinus de l'angle que font entr'elles ces deux tangentes.

491. Dans un cercle de 5^m de diamètre on inscrit un rectangle dont l'un des côtés $= 4^m$; par les sommets de ce rectangle on mène des tangentes qui forment un quadrilatère : calculer la surface et les angles de ce quadrilatère.

492. Dans un quadrilatère ABCD on a l'angle $B = 90^\circ$, les deux côtés AB, BC égaux chacun à $21^m,915$, le côté $DC = 28^m,715$ et l'angle $C = 55^\circ 29' 18''$: calculer le côté AD.

493. Calculer le rapport de la surface d'un triangle isocèle dont l'angle au sommet vaut $54^\circ 28' 17''$, à celle du cercle circonscrit.

494. Trois points A, B, C étant donnés sur une carte, déterminer la position d'un 4e point P, d'où l'on aperçoit les distances AB, BC sous les angles : $APB = 57^\circ 30' 28''$, $CPB = 61^\circ 29' 17''$. On donne $AB = 255^m,415$, $BC = 198^m,923$ et l'angle $ABC = 118^\circ 15' 28''$.

495. Dans le même plan qu'une droite $AB = 5,84^m$, on a deux points P et Q (*fig.* 34), on demande de calculer la distance PQ sachant que :

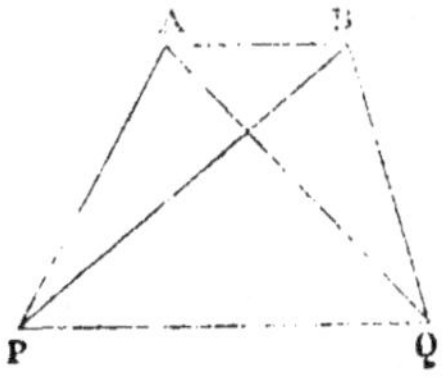

$$PAB = 87°25 ; PBA = 46°54' ;$$
$$QAB = 47°52 ; QBA = 84°55'.$$

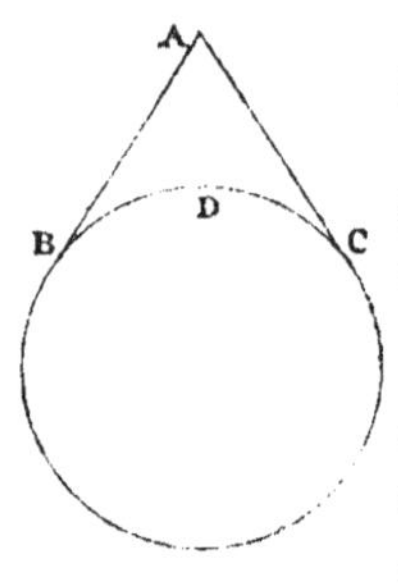

Fig. 34.

496. Quelle doit être la graduation d'un arc de cercle pour que l'aire de la zone qu'il engendre en tournant autour du diamètre qui le divise en deux parties égales soit la moitié de l'aire du cercle.

497. Un cercle de 5^m de rayon est inscrit dans un angle $BAC = 58°42'55''$: calculer à 1 décim. carré près l'aire de la figure ABCD (*fig.* 35) comprise entre l'arc BDC et les deux côtés de l'angle.

Fig. 35.

498. On donne un angle A (*fig.* 36), et un point D sur le côté AC de cet angle ; on demande 1° la formule qui exprime la longueur de la ligne DE comprise entre le point D et la ligne AB et faisant l'angle $ADE = x$; 2° la valeur de x pour laquelle la ligne DE est minimum ; 3° la valeur minimum de DE pour

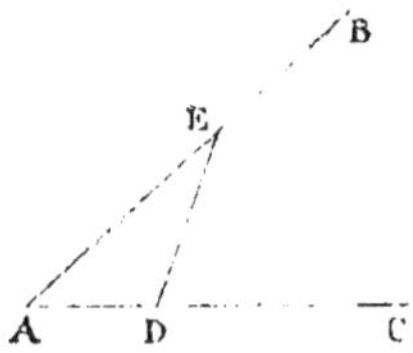

$$BAC = 55°28'15'' \text{ et } AD = 2^m,515.$$

Fig. 36.

499. Calculer le volume engendré par la révolution d'un secteur circulaire AOB tournant autour de OA, en supposant le rayon $OA = 5^m$ et l'angle au centre $AOB = 25°37'$.

500. Calculer le volume du secteur sphérique engendré par la révolution d'un secteur circulaire AOB tournant autour de OA, en supposant le rayon $OA = 0^m,20$ et l'angle au centre $AOB = 54°28'$.

501. Calculer l'angle au centre du secteur circulaire AOB sachant que le volume qu'il engendre en tournant autour de son côté AO est le tiers du volume de la sphère ayant pour rayon AO.

502. Calculer le volume engendré par un triangle équilatéral ABC en tournant autour d'un axe XY situé dans son plan et faisant avec AB un angle de 18°. On prendra AB $= 7^m,55$.

503. Même question en supposant l'angle $= 45°$ et le côté AB $= 235^m,65$.

504. Calculer le volume engendré par un triangle tournant autour de son côté c sachant que A $= 25°27'30''$, $c = 25^m,215$; $b = 21^m,107$.

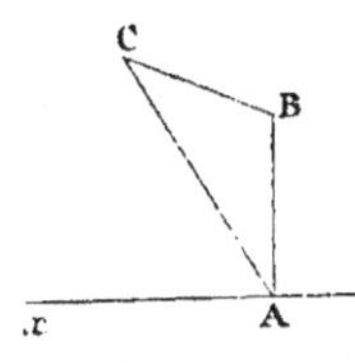

' Fig. 37.

505. Calculer le volume engendré par le triangle ABC (fig. 37) tournant autour de l'axe xy perpendiculaire au côté AB et situé dans le plan du triangle sachant que A $= 50°25'12''$; AB $= 2^m,514$; AC $= 5^m,087$.

506. Dans un trapèze ABCD on a :

$$AB = 32^m,575$$
$$CD = 17\ ,225$$
$$A = 42°30'17''$$
$$B = 61°29'15''$$

Calculer le volume engendré par le trapèze tournant autour de la base AB.

507. Calculer le volume engendré par le triangle isocèle BAC (*fig.* 38) tournant autour de l'axe xy situé dans son plan, sachant que l'angle BAC $= 51°25'38''$, l'angle CA$y = 51°19'16''$, le côté BA $=$ AC $= 285^m,958$.

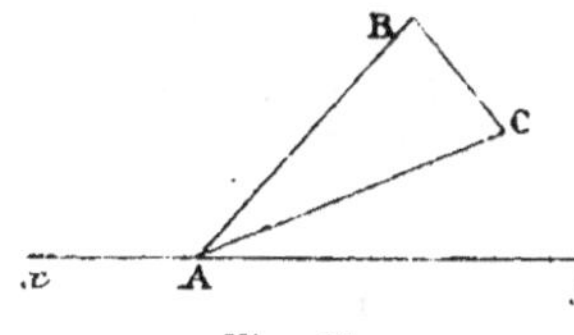

Fig. 38.

508. Calculer le volume engendré par un pentagone ABCDE (*fig.* 26) formé par un carré BCDE et un triangle équilatéral ABE, en tournant autour de l'axe xy. On prendra AB $= 13^m,217$.

509. Une sphère étant placée dans un cône creux renversé dont l'angle au sommet $= 2\alpha$, calculer le rapport du volume compris entre la surface inférieure de la sphère et le sommet du cône au volume de la sphère entière. Appliquer la formule trouvée au cas de $\alpha = 60^0$.

510. Calculer la valeur que doit avoir le rayon d'un cercle pour que la différence entre un arc de ce cercle valant 80^m et sa corde, soit moindre que un millimètre.

COURBES USUELLES ET COSMOGRAPHIE (*).

511. Le grand axe d'une ellipse $= 126^m$, la distance focale $= 84^m$; on élève en F la perpendiculaire FD sur le grand axe et l'on joint DF'. Calculer les longueurs FD, F'D.

512. Les foyers d'une ellipse étant F, F', on mène deux droites FK, F'K' égales chacune au grand axe et se coupant en un point M. Prouver que le point M appartient à l'ellipse si la distance KK' $=$ FF'.

513. La différence des latitudes de deux villes $= 9^0 39' 11''$. Calculer en lieues de 4 kilomètres la distance de ces deux villes en supposant la circonférence de la terre $= 40000$ kilom.

514. Deux points situés sur le même méridien sont distants de 57027 toises. Quel est l'angle des verticales de ces deux points? Une toise $= 1^m,949$ et l'on suppose le rayon du méridien $= 6366000$ mètres.

515. Calculer à 1^m près l'arc du parallèle terrestre dont la latitude est $48^0 50'$, sachant que la différence des longitudes de ses deux extrémités $= 5^0 36'$. On prendra la circonférence de la terre $= 40000000$ mètres.

516. La terre étant supposée sphérique, calculer la surface de la zone comprise entre l'équateur et un parallèle ayant pour latitude 45^0. On prendra la circonférence de la terre $= 40000$ kilom.

517. Calculer à un myriamètre carré près la surface de l'une

<hr>

(*) Nous réunissons ici plusieurs questions qui ne sont pour la plupart que des problèmes de géométrie élémentaire et de trigonométrie, mais dont les énoncés exigent quelques connaissances en cosmographie.

des deux zones glaciales en supposant que le cercle polaire qui la limite est à 23° 3o′ du pole. On prendra la circonférence de la terre = 4ooo myriam.

518. Trouver le rapport de la surface d'une zone tempérée à celle de la terre en supposant que les parallèles qui la limitent sont situés l'un à 23° 3o′ du pôle, l'autre à 23° 3o′ de l'équateur.

519. La terre étant regardée comme sphérique, calculer avec 6 chiffres décimaux le rapport de la surface de la zone torride à la surface entière de la terre. On admettra que les deux tropiques sont chacun à 23° 27′ 32″ de l'équateur.

520. La terre faisant sa révolution autour du soleil en 365^j,256, on demande de calculer le demi-grand axe de l'ellipse décrite par une planète qui fait sa révolution en 1143^j,796. On prendra pour unité de longueur le demi-grand axe de l'orbite terrestre (*).

521. Le grand axe de l'orbite de Mars étant supposé égal à 1,52369, quelle est en jours la durée de la révolution de cette planète, sachant que pour la terre, dont le grand axe de l'orbite est pris pour unité, le temps de la révolution est de 365^j,25638 (*)?

(*) 3° *loi de Képler* : les carrés des temps des révolutions sidérales des planètes sont proportionnels aux cubes des grands axes de leurs orbites.

SOLUTIONS NUMÉRIQUES.

1. $5^j,4^h$.

2. $6251^j,27$.

3. $5^j,86$ pour 100.

4. $100^j,67$.

5. $4^j,78$ pour 100.

6. 884^j.

7. 965^j.

8. 6 ans, 6 mois 15 jours.

9.
$$\begin{cases} 16°, 57', 52'' \dfrac{96}{170}. \\[6pt] 27°, 32', 45'' \dfrac{159}{170}. \\[6pt] 44°, 10', 56'' \dfrac{85}{170}. \end{cases}$$

10.
$$\begin{cases} 220,45. \\ 265,12. \\ 551,68. \end{cases}$$

11. $0,449$ et $0,551$ par excès.

12. $1^f,03$.

13. $1,895$.

14. $3,37$.

15. Quot. : $16x^4 - 24x^3 + 56x^2 - 54x + 81$.

16. $x = 18, \quad y = 10$.

17. $x = 5, \quad y = 5, \quad z = 7$.

18. $x = 5, \quad y = 2, \quad z = 3$.

19. $\begin{cases} x = 6, \quad y = -1. \\ z = 3, \quad u = 2. \end{cases}$

20. $\begin{cases} x = 1, \quad y = 2. \\ z = 3, \quad u = 4. \end{cases}$

21. $x = 12, \quad y = 50, \quad z = 168$.

22. $2, 3, 4$ et 5.

23. Distance du point A au point cherché :
$$145^k,750.$$

24. $51^k,6$.

25. $x = \dfrac{bh}{B - b}$.

26. $x = \pm \sqrt{ab}$.

27. $x = \dfrac{a \pm \sqrt{9a^2 + 32ab}}{4}$.

28. $x' = 10, \quad x'' = -\dfrac{26}{5}$.

29. 169.

30. $x' = 16, \quad x'' = 4$.

31. $x = 8$.

32. $x = \dfrac{5}{4}$.

33. $x' = 3, \quad x'' = -2$.

34. 3 et 4.

35. 5 et 2.

36. 5 et 6.

37. 55 et 28.

38. 376 et 214.

39. 7,416 et 4,584.

40. 3, 4 et 5.

41. $\begin{cases} x = 11 \\ y = 7 \end{cases} \begin{cases} x = -11 \\ y = -7. \end{cases}$

42. $\begin{cases} x = 2,143 \\ y = 1,515 \end{cases} \begin{cases} x = -2,143 \\ y = -1,515. \end{cases}$

43. $x = 3,029, \quad y = 2,006$.

44. $\begin{cases} x = -\dfrac{225}{19} \\ y = \dfrac{250}{19} \end{cases} \begin{cases} x = 5 \\ y = 2. \end{cases}$

45. $\begin{cases} x = 2 \\ y = \pm 3 \end{cases} \begin{cases} x = 9 \\ y = \pm \sqrt{2}. \end{cases}$

46. $x = \pm 5, \quad y = \pm 2$.

47. $\begin{cases} x = \pm \sqrt{5} \\ y = 0 \end{cases} \begin{cases} x = 2 \\ y = 1 \end{cases} \begin{cases} x = -2 \\ y = -1. \end{cases}$

48. $\begin{cases} x = 32 \\ y = 15 \end{cases} \begin{cases} x = -15 \\ y = -32. \end{cases}$

49. $\begin{cases} x = \dfrac{9}{4} \\ y = \dfrac{3}{8} \end{cases} \begin{cases} x = -\dfrac{21}{40} \\ y = \dfrac{63}{20} \end{cases}$

50. $x = 6, \quad y = 2$.

51. Racines imaginaires.

53. 5, 77 et 4, 23.

54. 5, 77 et 4, 23.

55. 7 et 3.

56. $33^{m}, 44^{m}, 55^{m}$.

57. $6,\ 2,\ 4^{1}/_{2},\ 1^{1}/_{2}$.

58. $x' = 4^{m},07, \quad x'' = 11^{m},33$.

59. 6954^{m}.

61. $3^{m},8$ et $1^{m},2$.

67. Mini. $= 18$ pour $x = 3$.

68. $x = 0,7$.

69. $x = \dfrac{11}{6}$.

70. $\begin{cases} \text{Max.} = \dfrac{11}{2} \text{ pour } x = \dfrac{1}{5} \\[2mm] \text{Mini.} = \dfrac{1}{2} \text{ pour } x = -5. \end{cases}$

71. $\begin{cases} \text{Max.} = \dfrac{7}{2} \text{ pour } x = -4. \\[2mm] \text{Mini.} = -1 \text{ pour } x = {}^{1}/_{2}. \end{cases}$

72. $\begin{cases} \text{Max.} = {}^{3}/_{2} \text{ pour } x = {}^{1}/_{3}. \\ \text{Mini.} = {}^{1}/_{2} \text{ pour } x = 1. \end{cases}$

73. $\begin{cases} \text{Max.} = 2 \text{ pour } x = 3. \\ \text{Mini.} = -1 \text{ pour } x = 0. \end{cases}$

74. $\begin{cases} \text{Max.} = 4 \text{ pour } x = 2. \\ \text{Mini.} = 10 \text{ pour } x = 8. \end{cases}$

75. $\begin{cases} \text{Max.} = {}^{5}/_{9} \text{ pour } x = {}^{2}/_{3}. \\ \text{Mini.} = 1 \text{ pour } x = 2. \end{cases}$

76. $\begin{cases} \text{Max.} = -\dfrac{7}{5} \text{ pour } x = {}^{4}/_{5}. \\[2mm] \text{Mini.} = 2 \text{ pour } x = -{}^{1}/^{2}. \end{cases}$

77. $\begin{cases} \text{Max.} = -14 \text{ pour } x = -7. \\ \text{Mini.} = -2 \text{ pour } x = -1. \end{cases}$

78. $\begin{cases} \text{Max.} = 0 \text{ pour } x = 0. \\ \text{Mini.} = 4 \text{ pour } x = 2. \end{cases}$

79. $\begin{cases} \text{Max.} = -2 \text{ pour } x = -1. \\ \text{Mini.} = 2 \text{ pour } x = 1. \end{cases}$

80. Ni max. ni mini.

81. Ni max. ni mini.

85. 15 et 12.

86. $x = 451^m,25, y = 145^m,75.$

87. 441 et 784.

89. Mini. $= 0,5528$ pour $x = 0,75964.$

99. 22.

100. 75.

102. 75, 100, 125.

103. 15.

104. 15, 45 et 155.

105. 1.

106. 20,649, 24,555, 28,673, 55,788.

107. 0,0189866.

108. 0,068175.

109. 619900.

110. 1,0010992.

111. $x = 89, \quad y = 5.$

112. $194481^f.$

113. $1750^f,77.$

114. $12255^f,70.$

115. $954^f,55.$

116. 4,48 p. 100.

117. 14 ans 75 jours.

118. 22 ans ½ environ.

119. 9 ans 68 jours.

120. 63 ans 110 jours.

121. 204 ans environ.

122. $2290^f,08.$

123. $1649^f,60.$

124. $40347^f,35.$

125. $21546^f,66.$

126. $17498^f,45.$

138. $202^m, 210^m, 504^m.$

146. $0^m,14.$

147. 0,0758117.

148. 11,75.

149. $158°49'24'',7,$
$10°55'17'',6.$

150. $59^m,86.$

151. $6614998^m.$

152. $27659^m.$

153. $117^m,690, 104^m,091.$

154. $75^m,263.$

155. $0^m,58.$

156. $0^m,58.$

158. $667^m,5557.$

160. $49^m,06$ et $2^m,94.$

161. $8^m,10, 4^m,01.$

162. 2,237, 5,059.

165. $8°,75, 16°,25.$

167. $3^m,66.$

168. $7^m,45.$

171. $\begin{cases} \text{Distance du point de-} \\ \text{mandé au point de con-} \\ \text{act} = 8^m,527. \end{cases}$

183. $6^m,504$, $5^m,782$.

184. $7^{mq},61$, $15^{mq},76$.

185. 55574^{mq}.

187. $S = 1260^{mq}$, $c = 55^m,49$.

188. $128^m,55$.

190. $0^m,25$.

191. 96726^{mq}.

192. $8^{mq},067145$.

193. $S = 64^{mq},5975$, $S' = 16^{mq},4025$.

194. 4^{mq}.

195. $5^m,15$.

196. 9^m.

197. $9^m,82$.

203. $\dfrac{BI}{IC} = \dfrac{1}{4}$.

204. $\dfrac{AI}{IC} = \dfrac{\sqrt{5} - 1}{5 - \sqrt{5}}$.

207. $55^m,424$, $48^m,496$, $64^m,084$.

208. $81^m,05$.

209. 65^m.

210. $15^m,588$.

222. $0,449$ et $0,551$.

224. $c = 14^m,485$, $R = 10^m,242$.

225. $S = 11664^{mq}$, $c = 108^m$.

226. 14^h, 34^a, 74^c.

227. $56^m,276$.

228. 1362.

229. 105144^{mq}.

230. $288^m,666$.

232. $21^m,43$.

233. $c = 7^m,655$, $S = 282^{mq},8427$.

234. $6^{mq},5449$.

236. $14^m,142$.

237. $206^m,26$.

238. $4°15'59'',4$.

239. $13^m,551$.

240. $791^m,922$.

241. $2^m,1065$.

242. $c = 2^m,35$, $S\,tr = 2^{mq},8916$, $S.\mathrm{Segm} = 0^{mq},5004$.

243. $S = 9^{mq},4248$, $S' = 57^{mq},6992$.

244. $22^{mq},0845$.

245. $0^{mq},4089$.

246. $4°55'1''$.

247. $2^m,844$.

249. 15^h, 12^a, 57^c.

250. $0,029$.

251. $0,415$.

252. $2^m,897$.

253. $\dfrac{\text{S. tr.}}{\text{S. carré}} = \dfrac{4\sqrt{5}}{9}$, $\dfrac{\text{S. cercle}}{\text{S. carré}} = \dfrac{4}{\pi}$.

254. $19^m,046$.

256. $15^m,911$.

257. $0,24$.

258. $S = 0,8776$, $S' = 2,1224$.

259. $1^m,295$.

260. $10^m,701$.

261. $2^m,085$.

267. $10^m,70$, $17^m,85$, $24^m,97$.

268. $0^{mq},258264$.

269. 362^{mc}.

270. Bases $0^{cq},41$, faces $9^{cq},06$ et $4^{cq},55$

271. $0^m,077$.

272. 1590^k.

273. $979455^f,12$.

274. 96000^{mc}, 10000^{mq}.

275. $5^m,45$.

276. $1^{mc},5$.

277. $0^{mc},117851$.

278. $9^m,467$.

280. $1^m,08$.

281. 503957^k.

282. 2548^h.

283. $4^m,07$.

284. $1^m,98$.

285. $185^{mc},796$.

286. $0^{mc},059$.

287. $447^{mc},125$.

288. $2^{mc},772$.

290. $2141^k,255$.

292. $11^m,456$.

293. $0^m,065$.

294. $2R=0^m,086$. $H=0^m,172$.

295. $2R=H=0^m,505$.

296. $0^m,051$.

297. $3^{gr},654$.

298. $0^{mm},00106$.

299. $91675^m,24$.

300. $0^m,112$.

301. $0^{mn},82$.

304. $12^m,525$.

305. $S=80^{mq},55$. $V=96^{mc},808$.

306. $h=5^m,842$. $V=214^{mc},405$.

308. $56^m,855$ et $71^m,655$.

310. $0^m,056$.

311. $0^m,06784$ et $0^m,05216$.

312. $8^{mq},8557$.

313. $5^m,28$.

315. $29^{mq},0546$.

316. $S=145,55$. $V=190,778$.

319. $5,755$.

320. $2^m,48$.

321. 7^m.

324. $\dfrac{\sqrt{5}-1}{2}$.

325. $0^m,0515$.

326. 111.

328. $\dfrac{5}{52}\ \dfrac{9}{52}$.

329. $515^{mq},59$ ou $550^{mq},77$.

330. Bases $\begin{cases} 57^{mq},6992 \\ 21\ \ ,9912 \end{cases}$

$S = 25^{mq},1528$ ou $125^{mq},6640$.

331. $1^m,50$.

332. $95^{cq},78$.

334. $8^{mq},95$.

336. $0^{mq},000772$.

337. $25040^{k},15$.

338. $0 ,916$.

339. $43^{mc},150$.

340. $5^{mc},141$.

341. $0^{mc},126957$.

342. $0^{m},755$.

343. $55^{mm},991$.

344. $1^{m},16$.

345. 222856^{gr}.

346. $0^{m},2$ et $0^{m},6$.

347. $1^{mc},301$.

348. $2^{dq},7128$.

349. $R = 0^{m},07505$.
$P = 7818^{gr},267$.

352. $87^{mq},9648$. $75^{mq},5984$.
$125^{mq},6640$. $205^{mc},251$.

353. $654^{mc},5$.

356. $2^{m},247$ et $0^{m},497$.

357. $5^{m},794$ et $1^{m},105$.

358. $2^{l},1$.

360. $59578^{mq},47$.

361. $21^{mq},76$.

362. $6268^{mq},49$.

365. $52^{mq},26$.

366. $16^{mc},554$.

367. $1455^{mc},907$.

368. $904^{mc},778$.

369. $9424^{mc},778$.

370. $14^{mc},157166$.

376. $1^{mc},955225$.

378. 11721^{mc}.

379. $205^{mc},505$.

395.
$$\begin{cases} \cos = -0{,}652, \\ \text{tg} = -1{,}165, \\ \text{cotg} = -0{,}860, \\ \text{séc} = -1{,}554, \\ \text{coséc} = 1{,}519. \end{cases}$$

396. $0,707$.

397.
$$\begin{cases} \sin 75^\circ = \dfrac{\sqrt{6}+\sqrt{2}}{4} \\[2mm] \cos 75^\circ = \dfrac{\sqrt{6}-\sqrt{2}}{4} \\[2mm] \text{tg}\,75^\circ = 2+\sqrt{3}. \end{cases}$$

400. $0,126$ et $0,992$.

401. $0,566$.

402. $0,414$.

404. $\sin a = \dfrac{1}{2}$ $\cos a = \dfrac{\sqrt{3}}{2}$.

405. $\sin x = \dfrac{1}{2}$ $\cos x = \dfrac{\sqrt{3}}{2}$.

406. $\dfrac{25}{24}$.

407. $\sin = \dfrac{\sqrt{6}-\sqrt{2}}{4}$

$\cos = \dfrac{\sqrt{6}+\sqrt{2}}{4}$.

408. $\sin x = \cos x = \dfrac{\sqrt{2}}{2}$.
$\text{tg}\,x = 1$.

409. $\dfrac{\sqrt{2}}{2}$.

412.
$$\begin{cases} 0{,}5420200, \; 0{,}2756575, \\ \quad 0{,}8290576 \;\; 0{,}9995910, \\ -0{,}7880107, \; S = 0. \end{cases}$$

413. $\begin{cases} 56°46'12'',\ 503°15'48'', \\ 116°46'12'',\ 663°15'48'', \\ \qquad 776°46'12''. \end{cases}$

414. 257°50'18'',7.

415. 59°15'55'',4.

416. 54°30'27'',5.

417. 50°2'25''.

418. 42°59'54''.

419. 50°15'50''.

420. 9°24'25'',5.

421. 28°59'4.

422. 89°9'46''.

424. 62°52'11'',75.

425. 0°59'19''.

426. 14°58'19'',7.

427. 41°24'54'',6.

428. 50°,60°,45°.

430. 20°59'25''75, 24°20'54''27.

431. $x = y = 1,557552.$

432. $x = 4k\pi \pm 2°17'52''.$

433. $x = \begin{cases} 2k\pi + 24°3'45'',61. \\ 2k\pi - 54°3'45'',61. \end{cases}$

434. 141°19'54'' et 218°40'6''.

435. $x = 658,467\ ;$
$y = 500°55'55'',8.$

437. 22°57'50'',5 et 7°22'9'',5.

438. 0°57'15'',7 ou 29°59'59'',7.

440. 0,174 par excès.

441. $80^{m},756.$

442. 74°16'50''.

443. 85°57'14''.

444. $\begin{cases} b = 29,863. \\ c = 12,888. \\ C = 23°20'40'',82. \\ B = 90° - C. \end{cases}$

445. $B = 53°7'48'',4.$
$C = 90° - B.$

446. 49°18'40'',5 et son complément.

447. 50°29'33'',6 et son complément.

451. $\begin{cases} a = 97^{m},879. \\ b = 133,517. \\ c = 159,540. \end{cases}$

452. 25°19'22'',6 et son supplément.

453. 41°11'22'' et son supplément.

454. $26914^{mq},52.$

455. $\varphi = 90°.$

456. 6875,495.

457. $\begin{cases} A = 90°,\ B = 53°7'48'',4, \\ C = 36°52'11'',6,\ S = 24^{mq}. \end{cases}$

458.
1re *Solution.*
$C = 26°58'3'',1,$
$b = 181^{m},54,$
$B = 28°4'18'',9,$
$S = 4009^{mq},40.$
2e *Solution.*
$C = 153°21'56'',9,$
$b = 5^{m},594,$
$B = 1°20'25'',1,$
$S = 119^{mq},1286.$

459. $\begin{cases} B = 58°56'52'',52, \\ C = 79°8'12'',76, \\ a = 53^{m},45, \\ S = 704^{mq},4806. \end{cases}$

460. $B = 121°33'54'',4$. ou $9°38'57'',6$.

461. $588^{m},61$.

462. $106^{m},678$.

463. $19^{m},431$.

464. 1491^{m}.

465. $45°48'8'',4$ ou son supplément.

466. $615^{m},3704$.

467. $\begin{cases} a = 58^{m},983, \\ b = 59,581, \\ c = 19,407. \end{cases}$

468. $338^{m},196$.

469. $207,50$.

470. $AM = 98^{m},908$.

471. $71^{m},491$.

472. $1^{mq},9725$.

473. $51°34'26'',2$ ou son supplément.

474. $90°$. Rapp. $= 0,1391$.

475. $8^{mq},3063$.

476. $1^{mq},2733$.

477. $89°50'17'',4$.

478. $1^{m},618$.

479. $46587^{mq},94$.

484. $45°$.

485. $90°$.

486. $15°20'30'',1$.

491. $\begin{cases} S = 96^{mq},0416. \\ 75°44'25'',2 \text{ et son supplément.} \end{cases}$

492. $4^{m},969$.

493. $0,40958$.

494. $\begin{cases} BAP = 50°33'15'', \\ BCP = 72°11'31''. \end{cases}$

495. $3257^{mq},58$.

496. $82°49'9'',2$.

497. $40^{mq},55$.

498. $20^{m},21$.

499. $4^{mc},756165$.

500. $0^{mc},007017$.

501. $70°51'43'',4$.

502. $463^{mc},506$.

503. 19854810^{mc}.

504. $1716^{mc},509$.

505. $18^{mc},847$.

506. $6015^{mc},727$.

507. 17984100^{mc}.

508. 11721^{mc}.

509. $0,00518$.

510. $R > 5656^{m},854$.

511. 35^{m} et 91^{m}.

513. 268 lieues.

514. $1°$.

515. 265500^{m}.

516. $180065500^{k \cdot q}$.

517. $211204^{msr \cdot q}$.

518. $0,2591555$.

519. $0,398091$.

520. $2,1404$.

521. $68695^{h}29^{m}$.

FIN

TABLE DES MATIÈRES

PREMIÈRE PARTIE

PRINCIPES ET FORMULES.

DEUXIÈME PARTIE

EXERCICES DE CALCUL ET QUESTIONS RÉSOLUES.

TROISIÈME PARTIE

CHOIX DE PROBLÈMES.

ABBEVILLE. — TYP. ET STÉR. GUSTAVE RETAUX.